U0623211

向上
清华学长 张自豪 著

北京联合出版公司
Beijing United Publishing Co.,Ltd.

请花 2 小时读完这本书

它会帮你抹平

未来 20 年的时间差

序言

人生道阻且长
唯有一直向上

“去牛津还是去清华？”我问我爸。

2017年，我大学毕业后同时拿到了清华大学苏世民书院和牛津大学商学院的硕士录取通知书。

听起来像是炫耀，但这个问题真实地困扰了我一段时间。犹豫不决之际，我拨通了家里的电话，开口就问：“去牛津还是去清华？”电话那头的我爸一时被问住，愣了半晌回了一句：“你说什么？”

无论去哪一所学校，无疑都是一件令人倍感荣幸的事。用我爸的话说，就是“祖坟要冒青烟了”。

关于这道选择题，我最终的答案是去清华。

不是因为它给了我全额奖学金，而是因为我要**选择未来**。

如今世界格局正在发生剧烈变化——如果说英国在19世纪曾是世界中心，美国在20世纪成了世界中心，那么在21世纪的今天，中国正在走向世界舞台中央，我希望能够参与并且见证这一刻。

中美两国元首3年向苏世民书院发来4封贺信。

开学典礼登上当晚《新闻联播》的头条新闻。

《纽约时报》全版刊登“苏世民学者”项目录取名单。

顾问委员会由19名全球政要和知名学者组成——包括英国前首相托尼·布莱尔、法国前总统尼古拉·萨科齐、澳大利亚前总理陆克文、加拿大前总理布莱恩·马尔罗尼、美国第56任国务卿亨利·基辛格、诺贝尔奖获得者杨振宁等。

教学团队除了清华大学的顶尖名师外，还有哈佛大学前校长、美国前财长劳伦斯·萨默斯，哈佛大学肯尼迪政府学院前院长约瑟夫·奈，耶鲁大学教授黛博拉·戴维斯等知名教授。

总投入超过3亿美元，录取率只有3.7%，被称为“清华中的清华”。

100 多名学生来自 40 多个国家，其中 6 名来自哈佛大学，5 名来自普林斯顿大学，3 名来自耶鲁大学……

这一切告诉我，“**世界的未来在中国！**在 21 世纪，中国不再是选修课”。——苏世民先生。

而我的选择，没错。

在拿到清华大学和牛津大学的录取通知书之前，我以金融系前三名的成绩本科毕业，获得毕业生的最高荣誉并得到美国前总统吉米·卡特的接见。之后我入职了世界三家顶尖咨询公司之一——贝恩咨询公司。如今我创立了自己的公司“思瑞科技”，刚刚完成了估值超 3 亿元的天使轮融资。

回望过往的求学生涯，我算是一路坎坷地披荆斩棘，每一次平台的晋升都让我学会从头爬起。

你或许很好奇，我是如何做到的，是家境优渥还是天资聪颖？

我来自安徽马鞍山的一个小镇——采石镇。家里最有文化的是我爸，他读到了初中。从小是爷爷奶奶陪我长大，奶奶不识字，连数字也不认得，我离开家之后，她每次想我的时候，还需要读过两年小学的爷爷帮忙打电话。

在这样的环境中成长起来的我，是家里第一个高中生、第一个大学生和第一个清华的研究生。

小时候，我也羡慕过那些有家长陪伴成长的同学，他们遇到学业上的问题总会有爸妈帮忙解决。而我甚至开始嫌弃自己的爸妈——为什么他们在学业上帮不了我？为什么他们只是小学毕业？

除了出身平凡，我也很清楚自己不是一个天才，至今我的手机桌面上还写着四个字——勤能补拙。

天才是人群中的百万分之一，他们根本不需要学习，不需要努力，不需要训练……他们很可能连自己的老师都看不上。

而我，显然不是这样的人。

从小到大，数学一直是我的弱项，遇到稍微不一样的题目，我从来不会触类旁通、举一反三，我这一路是把数学题当作语文题背过来的。我数学最低考过 40 多分，然而我本科时却坚决选择了金融和数学双专业，最后以最高荣誉毕业，还考过了好几门精算师考试。因为我相信：勤，能补拙。

现在，我已经从清华毕业，站在学生时代的终点，回望十几年求学生涯，从老家马鞍山的“采石小学”，到号称“清华中的清华”，我在学习和升学方面，交上了一张满分答卷。

我把我的答卷总结成了一套完整的经验、心得和方法论，以及这套方法论在实际中的运用，结合自己身边的案例，全部说给你听。教是最好的学，我也希望通过复盘和教会你来帮我自己总结，以应对未来更加残酷的竞争。

这一路走来我见到很多同龄人陷入了“越努力，越平庸”的困局，很多时候这是**时间差**造成的。有些事情早些知道就好了，有些人早点遇到便会早些受教，有些经验早点获得便会早些受用……

这个**获得信息的时间差背后是认知的差距，而人的一生都在为自己的认知差距买单。**我听过一个有关认知理解的例子：当一堆人为一块金子争得头破血流的时候，有人拿起一块钻石走了。抢金子的那帮人并非没有能力抢钻石，而是自始至终根本没人告诉他们有比金子更值钱的东西。这就是认知能力高低的区别。

如果你和我一样出身普通、资质一般，但也想在学生生涯一路乘风破浪；

如果你开局正好，想百尺竿头更进一步；

如果你刚刚毕业，面对未来的人生一片迷茫；

如果你是一名学生家长，正为孩子的成长殚精竭虑；

那么，**请花 2 小时读完这本书，它会帮你抹平未来 20 年的时间差**。然后，帮你用更轻松的状态书写自己的答卷。

这本书里我写了三个部分：破局、杠杆、升级。

首先，打好基础，做到**“优秀”**；

其次，运用人生杠杆，做到**“杰出”**；

最后，重塑思维，升级认知，和时间做朋友，做到**“一直杰出”**。

愿你能前途无量，战无不胜。

而我，会收拾行囊重新出发，继续攀登下一座人生的高峰。

希望与你在顶峰相见。

未来路上

我们顶峰相见

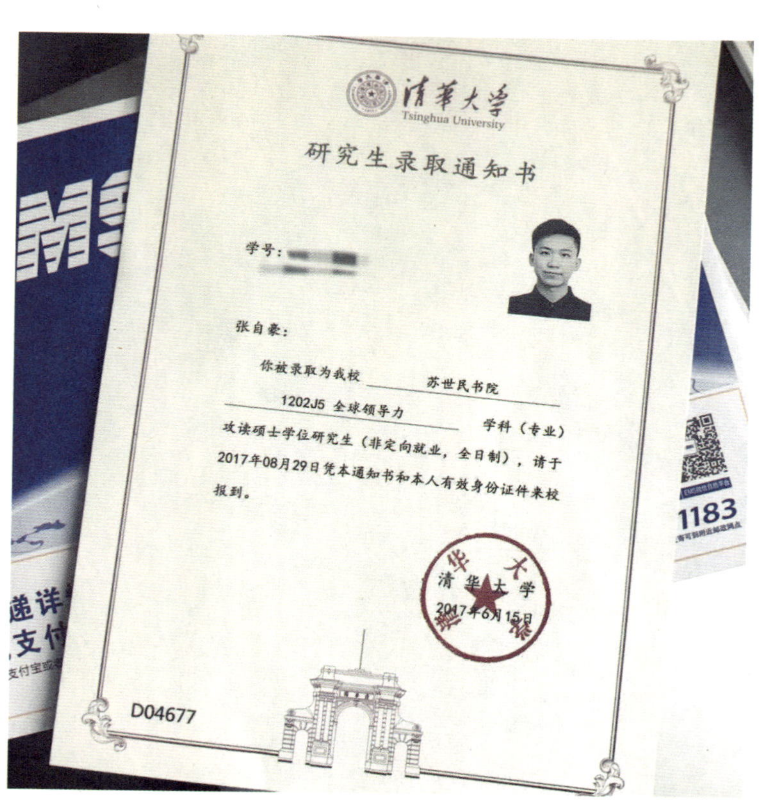

清華大學
Tsinghua University

研究生录取通知书

学号：

张自豪：

你被录取为我校 苏世民书院 1202J5 全球领导力 学科（专业）攻读硕士学位研究生（非定向就业，全日制），请于2017年08月29日凭本通知书和本人有效身份证件来校报到。

清华大学
2017年6月15日

D04677

清华大学苏世民书院录取通知书

我与爷爷奶奶在清华园门前

作为新生代表在开学典礼上发言

完成硕士答辩

我与苏世民先生在毕业典礼上

与苏世民先生交谈

我与美国著名国际政治学者、哈佛大学肯尼迪政府学院教授约瑟夫·奈先生

接受美国前总统吉米·卡特接见

与时任蒙古国总统哈勒特马·巴特图勒嘎先生交流

接待拉脱维亚前总统瓦伊拉·维凯－弗赖贝尔加女士

我与波黑前总理兹拉特科·拉古姆季亚先生

我与美国前财政部长、哈佛大学前校长

劳伦斯·亨利·萨默斯先生

在河北平山县育才学校支教

挂职丽江市古城区发展和改革局副局长

参加第 68 届联合国公益组织大会预备会议

拍摄新华网中华人民共和国成立 70 周年专题片《其实你一直在变好》

追梦中国人丨斜杠青春

第8集

2019-11-28 05:26:11

选择爱好，选择专业，选择论文导师；选择逆袭，选择止损，选择破釜沉舟……选择社交方式，选择事业搭档。

从少年到青年，从人生的十字路口到米字路口，张自豪将小镇青年、清华学霸、抖音百万粉丝博主等几个身份融于一身。

《追梦中国人》之《斜杠青春》，带你看新媒体时代里的“90后”如何玩转多重身份，带领粉丝一起推动正能量传播。

责任编辑：杨帆

本集人物

张自豪

清华大学苏世民学者 自媒体红人

相关推荐

追梦中国人丨筑影长城

追梦中国人丨纸间造梦

追梦中国人丨最美逆行人

追梦中国人丨高铁夜行侠

www.news.cn 新华网 NEWS www.xinhuanet.com

联系我们 电话：010-88050309 邮箱：dream@news.cn

制作单位 新华网股份有限公司

拍摄新华网个人专题纪录片《追梦中国人·斜杠青春》

目 录 Contents

PART 1

万丈高楼平地起

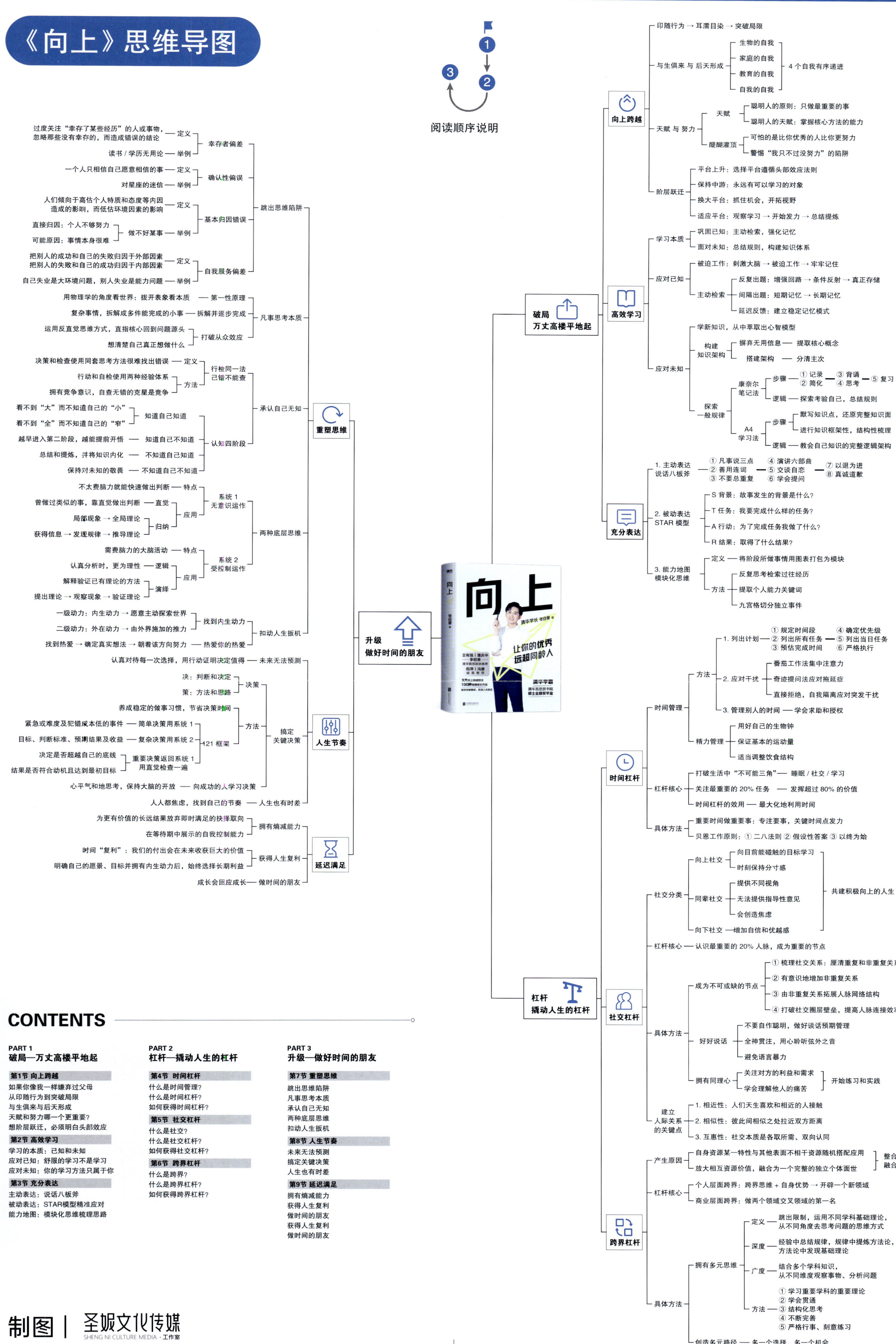

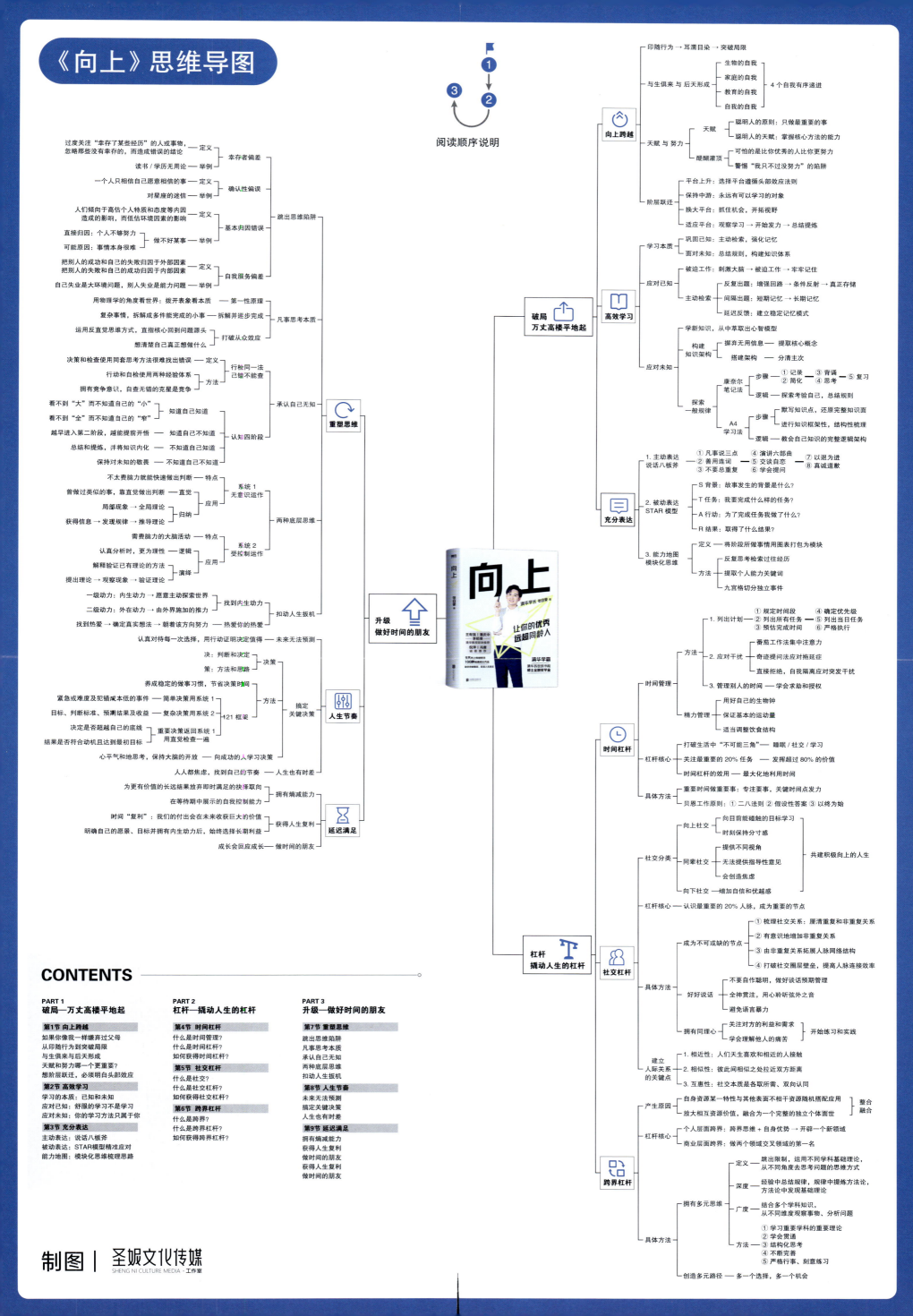

《向上》思维导图
阅读顺序说明
1
2
3
破局 万丈高楼平地起
向上跨越
印随行为 → 耳濡目染 → 突破局限
与生俱来 与 后天形成
生物的自我
家庭的自我
教育的自我
自我的自我
4 个自我有序递进
天赋 与 努力
天赋
聪明人的原则：只做最重要的事
聪明人的天赋：掌握核心方法的能力
醍醐灌顶
可怕的是比你优秀的人比你更努力
警惕"我只不过没努力"的陷阱
阶层跃迁
平台上升：选择平台遵循头部效应法则
保持中游：永远有可以学习的对象
换大平台：抓住机会，开拓视野
适应平台：观察学习 → 开始发力 → 总结提炼
高效学习
学习本质
巩固已知：主动检索，强化记忆
面对未知：总结规则，构建知识体系
应对已知
被迫工作：刺激大脑 → 被迫工作 → 牢牢记住
主动检索
反复出题：增强回路 → 条件反射 → 真正存储
间隔出题：短期记忆 → 长期记忆
延迟反馈：建立稳定记忆模式
应对未知
学新知识，从中萃取出心智模型
构建知识架构
摒弃无用信息 — 提取核心概念
搭建架构 — 分清主次
探索一般规律
康奈尔笔记法
步骤 ① 记录 ② 简化 ③ 背诵 ④ 思考 ⑤ 复习
逻辑 — 探索考验自己，总结规则
A4 学习法
步骤
默写知识点，还原完整知识框架
进行知识框架性，结构性梳理
逻辑 — 教会自己知识的完整逻辑架构
充分表达
1. 主动表达 说话八板斧
① 凡事说三点 ② 善用连词 ③ 不要总重复
④ 演讲六部曲 ⑤ 交谈自恋 ⑥ 学会提问
⑦ 以退为进 ⑧ 真诚道歉
2. 被动表达 STAR 模型
S 背景：故事发生的背景是什么？
T 任务：我要完成什么样的任务？
A 行动：为了完成任务我做了什么？
R 结果：取得了什么结果？
3. 能力地图 模块化思维
定义 — 将阶段所做事情用图表打包为模块
方法
反复思考检索过往经历
提取个人能力关键词
九宫格切分独立事件
杠杆 撬动人生的杠杆
时间杠杆
时间管理
方法
1. 列出计划
① 规定时间段 ② 列出所有任务 ③ 预估完成时间
④ 确定优先级 ⑤ 列出当日任务 ⑥ 严格执行
2. 应对干扰
番茄工作法集中注意力
奇迹提问法应对拖延症
直接拒绝，自我隔离应对突发干扰
3. 管理别人的时间 — 学会求助和授权
精力管理
用好自己的生物钟
保证基本的运动量
适当调整饮食结构
杠杆核心
打破生活中"不可能三角"— 睡眠 / 社交 / 学习
关注最重要的 20% 任务 — 发挥超过 80% 的价值
时间杠杆的效用 — 最大化利用时间
具体方法
重要时间做重要事：专注要事，关键时间点发力
贝恩工作原则：① 二八法则 ② 假设性答案 ③ 以终为始
社交杠杆
社交分类
向上社交
向目前能碰触的目标学习
时刻保持分寸感
同辈社交
提供不同视角
无法提供指导性意见
会创造焦虑
向下社交 —增加自信和优越感
共建积极向上的人生
杠杆核心 — 认识最重要的 20% 人脉，成为重要的节点
具体方法
成为不可或缺的节点
① 梳理社交关系：厘清重复和非重复关系
② 有意识地增加非重复关系
③ 由非重复关系拓展人脉网络结构
④ 打破社交圈层壁垒，提高人脉连接效率
好好说话
不要自作聪明，做好谈话预期管理
全神贯注，用心聆听弦外之音
避免语言暴力
拥有同理心
关注对方的利益和需求
学会理解他人的痛苦
开始练习和实践
建立人际关系的关键点
1. 相近性：人们天生喜欢和相近的人接触
2. 相似性：彼此间相似之处拉近双方距离
3. 互惠性：社交本质是各取所需、双向认同
跨界杠杆
产生原因
自身资源某一特性与其他表面不相干资源随机搭配应用
放大相互资源价值，融合为一个完整的独立个体面世
整合 融合
杠杆核心
个人层面跨界：跨界思维 + 自身优势 → 开辟一个新领域
商业层面跨界：做两个领域交叉领域的第一名
具体方法
拥有多元思维
定义 — 跳出限制，运用不同学科基础理论，从不同角度去思考问题的思维方式
深度 — 经验中总结规律，规律中提炼方法论，方法论中发现基础理论
广度 — 结合多个学科知识，从不同维度观察事物、分析问题
方法 — ① 学习重要学科的重要理论 ② 学会贯通 ③ 结构化思考 ④ 不断完善 ⑤ 严格行事、刻意练习
创造多元路径 — 多一个选择，多一个机会
升级 做好时间的朋友
重塑思维
跳出思维陷阱
幸存者偏差
过度关注"幸存了某些经历"的人或事物，忽略那些没有幸存的，而造成错误的结论 — 定义
读书 / 学历无用论 — 举例
确认性偏误
一个人只相信自己愿意相信的事 — 定义
对星座的迷信 — 举例
基本归因错误
人们倾向于高估个人特质和态度等内因造成的影响，而低估环境因素的影响 — 定义
直接归因：个人不够努力
可能原因：事情本身很难
做不好某事 — 举例
自我服务偏差
把别人的成功和自己的失败归因于外部因素，把别人的失败和自己的成功归因于内部因素 — 定义
自己失业是大环境问题，别人失业是能力问题 — 举例
凡事思考本质
用物理学的角度看世界：拨开表象看本质 — 第一性原理
复杂事情，拆解成多件能完成的小事 — 拆解并逐步完成
打破从众效应
运用反直觉思维方式，直指核心回到问题源头
想清楚自己真正想做什么
承认自己无知
行检同一法 己错不能查
决策和检查使用同套思考方法很难找出错误 — 定义
方法
行动和自检使用两种经验体系
拥有竞争意识，自查无错的克星是竞争
认知四阶段
看不到"大"而不知道自己的"小"
看不到"全"而不知道自己的"窄"
— 知道自己知道
越早进入第二阶段，越能提前开悟 — 知道自己不知道
总结和提炼，并将知识内化 — 不知道自己知道
保持对未知的敬畏 — 不知道自己不知道
两种底层思维
系统 1 无意识运作
不太费脑力就能快速做出判断 — 特点
应用
曾做过类似的事，靠直觉做出判断 — 直觉
归纳
局部现象 → 全局理论
获得信息 → 发现规律 → 推导理论
系统 2 受控制运作
需费脑力的大脑活动 — 特点
应用
认真分析时，更为理性 — 逻辑
演绎
解释验证已有理论的方法
提出理论 → 观察现象 → 验证理论
扣动人生扳机
找到内生动力
一级动力：内生动力 → 愿意主动探索世界
二级动力：外在动力 → 由外界施加的推力
找到热爱 → 确定真实想法 → 朝着该方向努力 — 热爱你的热爱
人生节奏
未来无法预测 — 认真对待每一次选择，用行动证明决定值得
搞定关键决策
决策
决：判断和决定
策：方法和思路
方法
养成稳定的做事习惯，节省决策时间
紧急或难度及犯错成本低的事件 — 简单决策用系统 1
目标、判断标准、预期结果及收益 — 复杂决策用系统 2
121 框架
决定是否超越自己的底线
结果是否符合动机且达到最初目标
重要决策返回系统 1 用直觉检查一遍
向成功的人学习决策 — 心平气和地思考，保持大脑的开放
人生也有时差 — 人人都焦虑，找到自己的节奏
延迟满足
拥有熵减能力
为更有价值的长远结果放弃即时满足的抉择取向
在等待期中展示的自我控制能力
获得人生复利
时间"复利"：我们的付出会在未来收获巨大的价值
明确自己的愿景、目标并拥有内生动力后，始终选择长期利益
做时间的朋友 — 成长会回应成长
向上
清华学长 李自豪 著
让你的优秀远超同龄人
满华学霸
CONTENTS
PART 1
破局—万丈高楼平地起
第1节 向上跨越
如果你像我一样嫌弃过父母
从印随行为到突破局限
与生俱来与后天形成
天赋和努力哪一个更重要?
想阶层跃迁，必须明白头部效应
第2节 高效学习
学习的本质：已知和未知
应对已知：舒服的学习不是学习
应对未知：你的学习方法只属于你
第3节 充分表达
主动表达：说话八板斧
被动表达：STAR模型精准应对
能力地图：模块化思维梳理思路
PART 2
杠杆—撬动人生的杠杆
第4节 时间杠杆
什么是时间管理?
什么是时间杠杆?
如何获得时间杠杆?
第5节 社交杠杆
什么是社交?
什么是社交杠杆?
如何获得社交杠杆?
第6节 跨界杠杆
什么是跨界?
什么是跨界杠杆?
如何获得跨界杠杆?
PART 3
升级—做好时间的朋友
第7节 重塑思维
跳出思维陷阱
凡事思考本质
承认自己无知
两种底层思维
扣动人生扳机
第8节 人生节奏
未来无法预测
搞定关键决策
人生也有时差
第9节 延迟满足
拥有熵减能力
获得人生复利
做时间的朋友
获得人生复利
做时间的朋友
制图 | 圣妮文化传媒
SHENG NI CULTURE MEDIA · 工作室

第 1 节 向上跨越

第 2 节 高效学习

第 3 节 充分表达

PART 2

撬动人生的杠杆

破局

杠杆

升级

第 4 节　时间杠杆

第 5 节　社交杠杆

第 6 节　跨界杠杆

PART 3

做好时间的朋友

升级

杠杆

破局

第 7 节 重塑思维

第 8 节 人生节奏

第 9 节 延迟满足

在你正式开启章节内容的阅读之前，我需要明确——这本书并不是告诉你怎样变得优秀，因为这实在是一件再简单不过的事，完全不需要花费整本书的篇幅来讲述。

“优秀”只是基础，万丈高楼平地起，“优秀”这个地基必须牢牢打好。拥有这个基础之后，无论你将来往什么方向发展，它都足以支撑你往更高处攀升。

站在今天回望我过去的人生经历，我发现，学生时代对于“优秀”的衡量标准非常简单——成绩。所以在第一部分，我将从原生家庭出发，带你清晰地梳理自己现阶段的处境、优劣势，如何扬长避短、高效学习，从而一步步突破自我的局限，实现向上跨越。

1 *PART* 破局

万丈高楼平地起

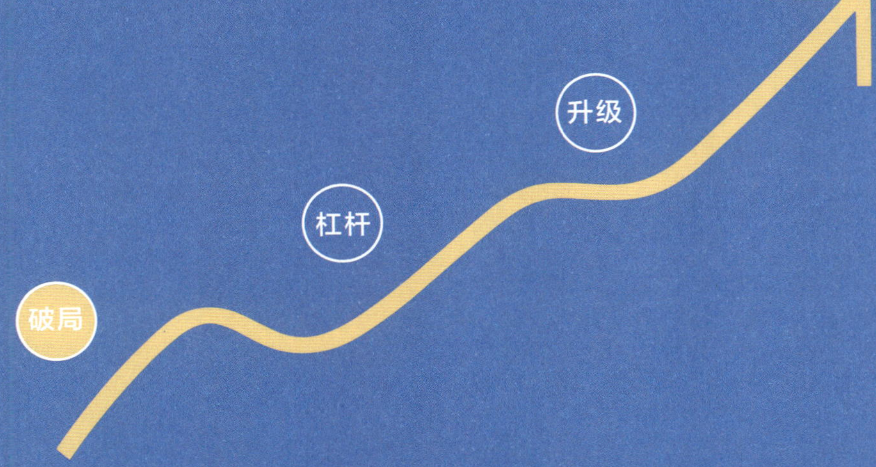

每个人都会有自己的
信息偏差，
导致你看不到这个世界
更多的真相。

第 1 节

向上跨越

如果你像我一样
嫌弃过父母

邀请父母参加毕业典礼

我是家里的第一个大学生。

清华大学2019年招生宣传片《从一到无穷大》里有这样一段话："在中国，70%的大学生是家庭的第一代大学生，我们曾艰难地融入校园生活，我们曾在学业上陷入困境，我们曾对未来的选择踌躇不决。"

清华大学对此进行了长达数年的数据跟踪，通过分析2011—2018年全国本科生家庭情况发现，第一代大学生已成为本科生的主体。其中，69.74%的第一代大学生来自农村，70%有兄弟姐妹而非独生子女，76.89%的父母从事普通职业。

在我过往的求学经历里，身边的很多同学都是家里的第一代大学生，由于家庭文化资本较低，做“第一人”势必面临着一系列问题。如果说家长的眼界决定了孩子的边界，那么我们就必须努力突破这个边界，才能看到更大的世界。从一到无穷大的过程里，没有伞的孩子必须努力向前奔跑。

从小到大，我最常听父母说的一句话就是，“我们没上过大学，但砸锅卖铁也要让你上大学”。他们都没读完初中，但特别相信接受教育的重要性，所以，自始至终都很重视对我的教育。

从清华毕业的时候，我邀请父母来北京参加毕业典礼，他们犹豫了，因为其他同学的家长大多是知识分子，只有小学毕业的父母怕给我丢脸。

当时我的心情也有些复杂，一方面觉得很自豪，能从被誉为“清华中的清华”的苏世民书院毕业，获得全球领导力专业管理学硕士学位，是一件能让父母以我为荣的事。

另一方面，我也会担心父母是不是适应这样的场合，出席毕业典礼的嘉宾都极有分量，有政界、商界、学界的100余位学生导师、教授学者，这或许是他们从未见识过的场面。

但当知道他们是因害怕给我丢脸而纠结时，我反而下定了决心，鼓励他们一定要去参加，还在毕业典礼上告诉他们：“以你们的能力，能把我送到这里，才是真的了不起。”

永远不要嫌弃父母，因为当你嫌弃他们，他们更会嫌弃自己。

我与父母在清华苏世民书院毕业典礼上

毕业晚宴上，我和父母与苏世民先生

曾经嫌弃过父母

在年幼无知的时候，我真的嫌弃过父母。

小时候我去同学家做作业，看到他们的父母在一旁辅导功课，我心里很不是滋味，不仅特别羡慕我的同学，还为自己的家庭文化氛围感到自卑和难过。

我上小学后学会的第一件事，是冒充家长签字。

以前作业或者试卷是需要家长签字的，但爸妈根本看不懂我的作业和试卷，也根本没有时间管。我们家开超市，我索性拿了一卷价签，一次性写好五六十个“家长已阅”，每次写完作业就撕下来一个贴到作业本上。

初中的时候，我已经是全家学历最高的人了，所以家里所有和文字相关的事情都由我负责，连超市的发票也是等我放假回家的时候才能开出来。

父母工作很忙，很少关心我学习上的事情，甚至鲜少过问我的成绩。我印象中他们唯一一次问我考得如何，是在中考出成绩的时候。但那时候已经晚了，我的中考成绩非常不理想，他们也非常自责为什么没有早点关心我的学习。

因此，即使我是一个很自信的人，父母仍然是我的软肋。我一直避免和同学谈起我的父母，总觉得如果别人知道了我父母的文化水平，可能会影响我在他们心目中的形象。时间久了，我甚至开始嫌弃自己的父母——为什么他们在学业上帮不了我？为什么他们只是小学毕业？

我会很羡慕老师家的孩子，他们在学习上遇到问题都可以寻求父母的帮助。我印象很深的一幕是，每次家长会结束之后，家长都会围着各科老师询问自己孩子的学习情况，甚至探讨如何提高成绩，而我的父母在这样的时刻往往是缺席的，我甚至常常代替父母参加家长会。

那时候我的想法很单纯，觉得自己各方面都还算优秀，却唯独输在了父母上。对于当时的我而言，家庭环境是一件我无力改变的事情，甚至害怕自己会被出身所累，于是对父母充满了嫌弃和怨恨。

每一代人的使命

但我慢慢发现，家族的每一代人，都有自己的使命。

爷爷奶奶当了一辈子农民，他们最迫切要解决的事情是让一家人活下来。

父母从农村来到城市，让我们有更好的生活、更多的选择。

而我从小镇走到清华，在大城市扎根，连接更大的世界。

每一代人都是站在父母的肩膀上，努力完成对上一代人的跃迁。

不久前，网上也有一个关于“高考状元父母职业排行榜”的统计数据，其中，排名第一的职业是教师，占比高达50%；排名第二的是公务员，占比约18%；第三是工程师、医生、律师和金融等职业，占约12%；再往下是工人，占11%；而人口比例很大的农民，仅占10%。

从这组数据可以看出，父母的职业、家庭成员的受教育水平对孩子的成长发展有着至关重要的影响。对一个家族而言，文化资本的积累是一个漫长的过程，需要几代人的努力，“仓廪实而知礼节，衣食足而知荣辱”在现实中的普遍演绎往往是父母努力使“仓廪实、衣食足”，子女才能通过教育“知礼节、知荣辱”。我现在回头去看，当时羡慕同学的父母，却没有看到我的父母也在为我竭尽所能、倾其所有，让我能够没有后顾之忧地学习。

还记得，中学毕业后，我获得了一个参加国际课程项目的机会，当时很纠结，因为高昂的学费以及后续的出国费用，远远超过了我们家可以负担的范围。但父母仍然执意让我去外面看看，甚至不惜借钱给我交学费。

后来，我成功申请到美国的“新常春藤”名校埃默里大学。申请美国大学要填很多表格，其中有一个问题是：你是不是第一代大学生？

原来，美国大学每年都会要求录取一定比例的第一代大学生。他们认为第一代大学生往往在升学过程中难以得到来自父母直接的帮助，在这种情况下仍能一路乘风破浪申请顶尖的大学，这说明这个学生的能力已经比同龄人高出了许多。

毫无疑问，我是。

那时我才意识到，原来国外会用“是不是家里的第一代大学生”来判断一个人的能力，在这套价值体系里，作为“第一人”，不再是一件暴露家庭背景“缺陷”的事情，反而会让人为此称赞——即使身处劣势，仍能学有所成。

中学时的我想得很简单，我以为父母“抛弃”了我，让我独自努力，后来我发现，在这条披荆斩棘的路上，我们从来都不是孤军奋战。他们或许不是教师、公务员、工程师……但他们是这一生不求回报地爱着我们的人。

我们需要面对一个现实——中国有超过 70% 的大学生是第一代大学生。这意味着我们的父母没有上过大学，来自原生家庭方面的教育支持少之又少；也意味着作为家里第一个读大学的我们一定会有困惑和迷茫，要自己去摸索和试错。但我们都在努力通过读书打破家庭带来的局限，这也是我们这一代人的使命。

如果你也像我一样，曾经嫌弃父母没本事、没眼界，意味着你已经走出了父母的局限，而这正是他们倾尽一切想看到的局面。

让父母自豪

小时候，我总想把父母“藏”起来；而现在我会很自然地和别人提起我的父母，我会主动邀请他们参加毕业典礼，我也会在自媒体上记录和播放他们的生活，我还带妈妈一起参加了她人生中第一次电视节目录制。他们常常会为我的成就感到自豪。而我认为只有当我有能力照顾和反哺他们的时候，才能让他们真正为我感到自豪。

我想，大多数子女一生中会给父母许多次钱，但其中有两次意义非凡。

第一次是我们拿到的第一笔薪水，它是一个里程碑，标志着自己开始独立自主、自力更生。我们迫不及待拿出一部分给父母，仿佛意味着我们是一个真正的大人了。但很可能当时一个月的薪水都不足以支付押一付三的房租，还得靠父母支援。

另一次是真正意义上的自给自足，这一次我们完全不用依靠父母，满足自己生活之余仍有余力可以提高家人的生活品质。

对我而言，如果邀请父母参加我的毕业典礼是意识上的觉醒，那实质上的彻底转变是当经济独立之后我开始想要反哺他们。

我第一份工作是精算师，薪资还不错，能养活自己，甚至还可以攒下积蓄带父母出去玩，于是我策划了为期一周的美国游。之前我一直在国外念书，每年和父母见面的时间并不多。这次能一起出来旅游机会难得，而且父母不会英文，几乎无法和别人交流，所以我们一家三口全程都待在一起。

几天相处下来，我明显感觉到父母比之前老了许多，对我也更加依赖了，我们的身份好像就在这个瞬间翻转了过来，**我不再是受他们照顾的人，而是成了要照顾他们的那个人。**

有天我们闲聊，我问他们能不能别那么辛苦了，之前 20 多年都在为我而活，片刻不敢停歇，现在也应该停下来享受享受生活。那一刻，我从他们的眼神里看到了欣慰和满足。

事实上，我更希望通过自己的努力，做出让自己、让他们自豪的成绩，无愧于“自豪”这个充满了父母殷殷期盼的名字。

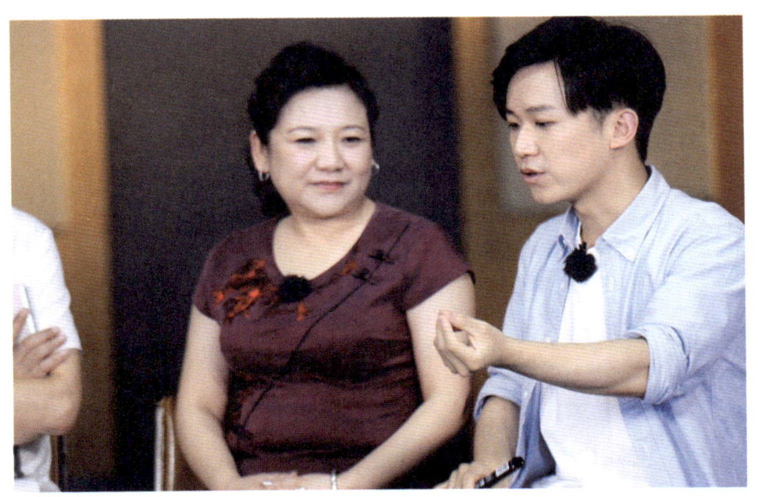

我与妈妈参加东方卫视综艺《花样新世界》录制

从印随行为
到突破局限

印随行为

什么是印随行为？是指一些刚孵化出来不久的幼鸟和刚生下来的哺乳动物，学着认识并跟随着它们所见到的第一个移动的物体——通常是它们的母亲。

而孩子最初学习和模仿的对象也是他们的父母。父母勤奋，孩子就学会了努力；父母冷漠，孩子就学会了疏离；父母宽容，孩子就学会了豁达；父母自私，孩子就学会了狭隘。所以，有句话叫：父母是孩子最好的榜样。鼓励父母以身作则，给孩子做出表率。

当一个人想要跨越阶层、突破局限，前提就是要认识自己的局限在哪儿，知道父母有哪些优缺点，以及对自己产生了怎样的影响，该如何规避。

与长大后的个人习惯和意识有关，我是一个喜欢画表格的人，擅长分析和整理。如果我们愿意花时间、下功夫理清思路，辨清自身，知晓自己的优缺点，也就更容易让优点变成优势，把缺点尽量改正，然后找准定位，变成一个懂分寸、知进退、明得失的人。同样，也能在处理问题时做到事半功倍，小到待人接物，大到人生选择，因为事情背后考校的是一个人的思维方式和处世格局。

不可忽视的耳濡目染

我属于被父母放养长大的孩子，从小就不受什么约束，爷爷奶奶不识字，父母的文化程度也有限，因此只是初中毕业的我就已经突破了家庭在知识水平上的局限。但父母对我性格上的影响，却是潜移默化、润物无声。

我爸妈是非常不同的两个个体，我从他们身上学到的东西也不一样。

我爸个性努力、为人上进，是一个敢于冒着风险投资然后获得收益的人。他小时候因为家里穷没能继续读书，工作时又吃过没有文凭的亏，一直都对我说读书很重要。虽然他自己没能通过受教育改变命运，但一直在用他的方式向上努力。

我爸是个善于观察的人，能敏锐地发现一些机会。在别人靠拉板车赚钱的时候，他发现一到年关理发店的生意特别红火，就掏了一笔钱跟人学手艺，之后自己开了一家理发店。果然，生意特别好。到了夏天，因为门口修路，村里来了很多工人，他便买了一个冷饮机放在门口卖冷饮和雪糕，又赚了一笔钱。

我爸在教育上对我的投资也不遗余力。在镇上的家长还没意识到花钱让孩子上补习班的时候，我爸已经向市里的家长靠拢，愿意一个学期花 400 块钱让我读一个全脑开发课程了。这也是我到现在都还会背圆周率后 100 位的原因。

但我妈是另一个极端，她生性追求安稳，厌恶风险，热爱生活，觉得人一辈子最重要的就是开心，喜欢活在当下。我爷爷奶奶的想法也是如此，所以，他们对我的要求是不要离家太远，最好能在家门口找份工作，轻轻松松，稳稳当当。

两种生活态度、思考方式，灌输到我身上产生的结果就是——我喜好风险，也抗拒风险；我努力上进，也想活在当下。所以，我常常会做一个折中的决定，甚至有时难以做出决策。

我知道自己的优势是敢于挑战，愿意给自己加杠杆。但劣势也很明显——在做决定时容易优柔寡断。

2020 年，我做的最冒险的决定就是辞掉高薪且安稳的职业，转而选择另一个城市从头开始创业。在下定决心之前，我做了全方位的思考，谁都知道创业有风险，但我想要试一试，于是在心里问了自己几个问题：

选择创业最坏的结果是什么？失败。

如果失败了，我有没有能力重新回到职场？有。

我能不能接受这个结果？能。

这就是我给敢于冒险的自我织就的一张安全网，有了这重保障，我就有了放手一搏的筹码。这件事很直观地体现出了父母的不同性格在我身上的投射。当我们能清晰地意识到父母给自身带来的影响时，其实可以有意识地放大优势、规避劣势。

在拉扯中突破局限

以上是父母的性格特点对我的部分塑造，但比起认识到他们的优劣势，更重要的是学会主动思考他们对自己产生了哪些影响，并有意识地做好处理。

最简单的方法是用表格做分类和整理，先分析父母身上的优缺点，然后审视自身，决定学习或摒弃。

优劣势分析表格

	优势	劣势
父亲	· 勤恳上进 · 逻辑理性 · 做事抓重点	· 爱冒风险
母亲	· 沟通力强 · 感性，有同理心	· 优柔寡断 · 追求享受
我	· 善于沟通和理解，共情能力强 · 善用二八原则，凡事抓重点	· 做决策犹豫不决 ·时而充满理想，时而追求活在当下

比如，我继承了他们逻辑能力很强、对外沟通能力强等优点。

我爸能很快抓住事情的重点，而我似乎也遗传了这个优点，在学生阶段，每做一道题我都会提炼解题思路和方法，而不是靠题海战术来练手感。我妈在任何饭局上都能跟人相谈甚欢，别人问什么问题都能轻松应对，没有丝毫的局促或不安。我在面试场合或和一些行业大佬交流时，也学习她那种从容的状态。这是家族优势，要作为长板继续发扬。

当然，父母身上也有我需要自我纠正的部分，像我妈优柔寡断的性格或者我爸凡事爱“all in（放手一搏）”等，如果我没有意识到，未来很可能在这方面吃亏，所以需要做好预判和防范。

摒弃缺点的过程，也是自我拉扯的过程。在我毕业加入贝恩咨询公司的时候，很多人问过我一个问题——你明明可以做网红，用更快的方式赚钱，为什么还要选择职场，给别人打工，做着一些机械的工作？

如果像我妈一样，只想活在当下，那我可能真的就止步于网红了，享受着粉丝们的关注和赞美及网红代言的丰厚收入，但我知道网红身份的背后是我成长经历带来的光环，每一次内容创作都是对自己过去的消耗，如果想要持续地创作，那就需要持续地成长，更需要不停地吸纳。因此，我不能放弃自己原有的职业规划。

有一次遇到许吉如，我发现她跟我纠结的问题相似。她毕业于清华大学法学院，在哈佛大学肯尼迪政府学院读研究生，参加第六季《奇葩说》和《2019主持人大赛》后，也收获了很多关注，她完全可以通过拍广告、做主持人赚钱，但还是决定入职知名律所，即使入职后拿到的薪水比起录节目的收入并不高。和很多刚入职场的新人一样，我们都经历过“菜鸟期”，是公司里最底层的员工。但我们一致认为这是必须做的选择。

这样的自我拉扯反复上演，帮助我不断摈弃原生家庭带来的负面影响。**人无法选择天生的部分，它是遗传基因，是身体中流淌的血液，更是外形、智力和体质。但我们能通过对后天部分的塑造，扬长避短，突破个人局限，从而跨越阶层，成为一个优秀的人。**

与生俱来 与后天形成

社会心理学家艾瑞克·弗洛姆在《逃避自由》一书中说过，“人，并非一个纯粹由生物因素决定的、由原始冲动欲望堆砌的一成不变的个体，也并非绝对由文化环境所操纵的木偶”。

换句话说，人格是由先天和后天相互作用而形成的，既有遗传因素又有环境影响。每个人都会有四个自我，既有与生俱来不可更改的部分，也有受后天影响可以塑造的部分，它们分别是生物的自我、家庭的自我、教育的自我和自我的自我。四个自我之间紧密联系、环环相扣，每一次自我的突破，都在为下一个自我的进阶做好铺垫。

如果我们能完全清楚地理解、消化这几个阶段，足以回答“我是谁”这个困扰无数人的难题，从而基于对自身的了解，做出有效的调整和改变，让自己成为更好的人。

人的四个自我

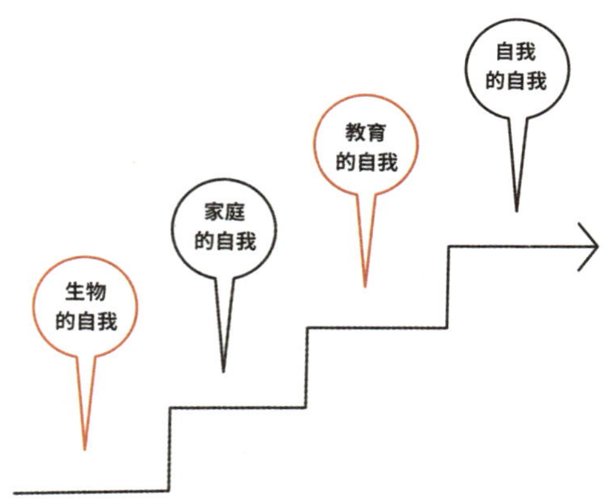

生物的自我

按照生物学上的定义，人是一种灵长目人科人属的物种，是地球生态系统中的一种普通动物，是生物进化的结果。

而根据初中生物课的学习，我们知道遗传是指表达父母性状的基因通过无性繁殖或有性繁殖传递给后代，从而使后代获得其父母遗传信息的现象。人类的遗传性状是由基因控制的。

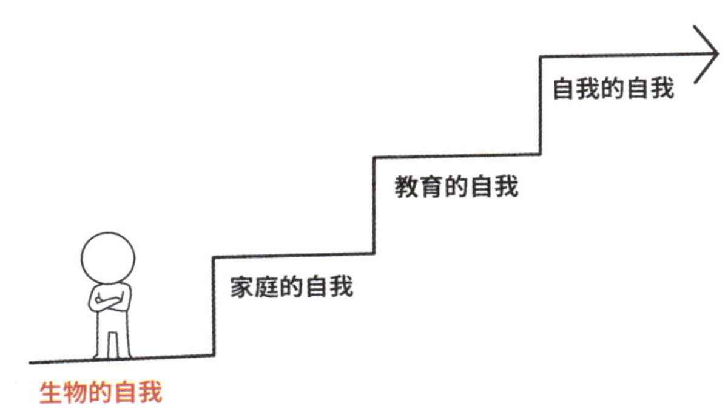

一个没有经过社会浸染的人，性别、健康状况、智力水平都由先天的遗传因素决定。而后天作用形成的传统观念、刻板印象、固有认知等，都不属于生物的自我。比如，人刚出生时，不会有

男生要勇敢、女生要细腻的想法，这是成长过程中被社会构建的规则浸染后的结果。

生物的自我，是遗传和生理上的自我，可以说是一个人天生的状态。它是其他自我的基础，决定着每个人最初的性别、血型、性格、肤色、长相、体形、健康状况、智力水平。俗话说，三岁看大，七岁看老，其实也是基于已知的遗传数据做出的判断。

家庭的自我

我们带着生物的自我成长于家庭之中，从有记忆开始就在不断接受着家庭的影响。孩子的成长受家庭氛围、生活习惯、父母对子女的教育等方面的影响。前文我详细讲述了父母对我成长带来的影响，也讲了如何扬长避短。在此，我展开谈一下不同类型的父母如何影响孩子的成长。简单来说，可以分成三类。

第一类是权威型父母。

性格强势，主张“天下无不是之父母”，经常以“我是为你好”来要求孩子。

我身边不乏自身受过良好教育且非常严厉的父母，根据我的观察，他们的严加管教确实能够培养出标准的“别人家的孩子”——乖巧听话、成绩优异，是好学生榜样。但弊端就是长期受强势的父母影响，孩子做事会缺乏主动性，容易形成服从、依赖、怯懦的个性。因为不敢反抗，或者说反抗了也无法得到正反馈，他们甚至会形成不诚实的人格特征。

其中一些人因为父母一贯的高标准、严要求，也考入了名牌大学，但很容易陷入迷茫。他们习惯了被动地接受安排，在需要自我驱动的时候，往往找不到自己的人生方向。而且，高等教育阶段判断一个人是否优秀的标准，不再是单一的考试成绩，而变得多元丰富，一个缺乏主动性和创造力的人，难以在复杂的评价体系中脱颖而出。

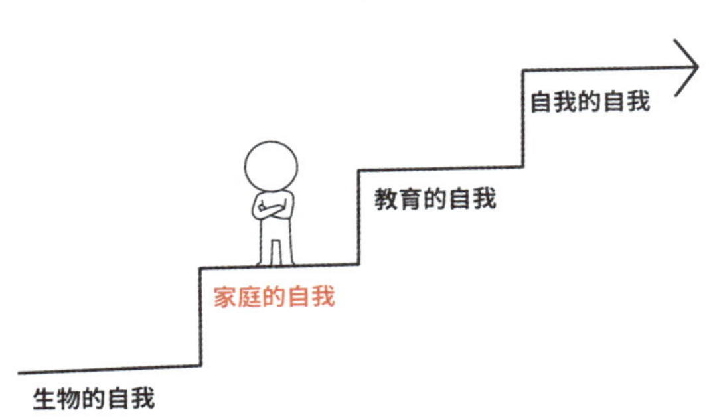

第二类是放纵型父母。

他们不会对孩子提出期望，几乎没有要求，百求百应，以“孩子快乐就好”为养育原则，哪怕遇到孩子之间闹矛盾，也不予以正确的管教和引导，而以“小孩子打打闹闹很正常，大一些自然就好了”轻轻带过。

在这种家庭环境下成长的孩子，虽然独立性强，但常常表现出任性、自私、蛮横无理的一面。最主要的原因是从小孩子缺乏对规矩、规则的认知，变得不懂礼数、唯我独尊。这种情况下，自然容易渐渐走歪，需要适时进行自我约束。

还有一类是介于两者之间，孩子和父母之间的权利能达到一种动态平衡，能根据自身情况调整。简单来说，就是既懂得和父母据理力争，也可以做到自我约束。当父母的权利过大时，可以通过与父母协商换取一定程度的自由。当自我状态太放纵时，也愿意给他人权利约束自己。在这种家庭中长大的孩子，独立意识强，创造性、主动性高，善于与人合作，意志坚定，又不失灵活性。

以上，是家庭带给孩子的影响和局限。

从我的名字就能看出来，父母对我的期待是——为自己感到自豪。他们总是以鼓励的视角来看待我，从不吝惜“你很好”“你很棒”这样肯定和夸赞的话。有时候我和他们分享我的故事，他们可能听不懂，但仍然会称赞我很厉害，这样的正反馈及时而有效。

如果要说我在“家庭的自我”中最不可忽视的一点成长，应该是知道父母借钱让我去留学后油然而生的强烈使命感和自我救赎感。我告诉自己，一定要出人头地，将来找一份体面的工作，赚到足够多的钱，养活自己，孝顺父母。

在正向反馈和内在驱动的双重作用之下，我用尽全力去提升自己，而在这个过程之中，我发现人生真的可以靠自我奋斗而改变，不断获得更多的正反馈，自然而然拥有了持续上进的动力。

教育的自我

接受教育是我们人生重要的分水岭，在此之前，“权威”是家庭，是父母，而在此之后，我们进入集体，开始突破家庭的自我从而进入教育的自我。

意大利作家埃莱娜·费兰特的代表作《我的天才女友》，被HBO改编成了系列精品剧，上线不久广受好评，引发了大规模的讨论。分析莉拉和埃莱娜的成长经历，不难看出教育对一个人产生的影响，埃莱娜通过学习成功逃离了充满暴力的那不勒斯，成为拥有独立思考能力的人。

不管是《我的天才女友》还是《风雨哈佛路》，都在告诉我们，**人可以通过接受教育慢慢突破家庭的自我、出身的局限，乃至社会环境的影响。**

哪怕基础教育，对人的塑造和改变也是巨大的。我曾跟随清华志愿者团队去贫困山区支教，当讲到经济学的稀缺性概念时，我让孩子们在黑板上写下自己的梦想。最高频出现的词语是“上大学”，他们渴望接受更好的教育，渴望通过教育突破自身的局限。

我把这个经历拍成小视频，发到抖音上，很快就有粉丝看到视频后给孩子们送去物资，甚至有一位粉丝辞去本职工作，成了该校的全职体育老师。还有很多粉丝和当地学生结成了一对一帮扶，至今仍然在定向捐助，在此我想对每一位伙伴的付出表示感谢。

人在受教育的过程中，会看到更广阔的世界，拓宽视野，接触更多人和事。当和父母在选专业、找工作等重要话题上有分歧时，我们因为受教育从而有足够清晰的思路和独到的见解，可以充分表达自己的看法、据理力争。

相比原生家庭，教育对一个人行为的影响可能更加直接。不同的教育环境、老师风格及同学关系都会直接影响一个人被教育建构的方式。

第一，教育环境。

作为一个义务教育阶段接受典型中式教育，高等教育阶段接触西方教育的人，我能明显感觉到中西方在教育宗旨、理念上的差异。

关于这个差异，前两天我从人大附中的一位语文老师口中听到了一个十分形象的对比。她在对比人大附中和衡水中学学生时说，衡水中学的学生都拼命朝着一个方向努力，一步一个脚印，走到终点。然而人大附中的学生同样朝着一个目标，但有的人跳着舞，有的人拉着二胡，有的人看着书……一起到达了终点。

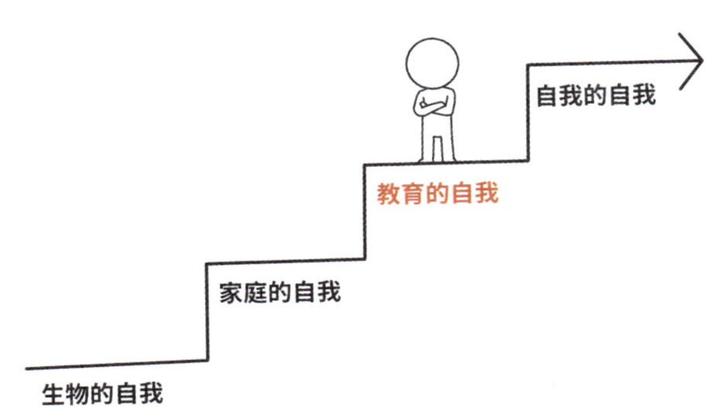

这个例子虽然是在比较两所中学的学生，但我认为这也是传统的东西方教育方式的对比。东方教育强调标准、目标和结果，而西方教育更关注个性、过程和启发。

在此不论孰好孰坏，基于不同的教育环境，孩子会相应地培养出不同的学习方式、思考方式以及沟通方式。东方教育环境下的学生可能更擅长分析总结和执行目标，西方教育环境下的学生可能更擅长发散思维和团队合作。

第二，老师风格。

教师既是学校宗旨的执行者，又是学生言行的示范者。他们的人格特征、行为模式与思维方式会对学生产生巨大影响。

比如，我的初中班主任不爱管事，导致我们班的纪律是全年级最差的，但我们班的创造性特别强，同学们新颖的想法层出不穷，每次年级里的文艺会演、话剧比赛，我们班的节目总能拿到很不错的名次。形成鲜明对比的是，隔壁班纪律性很强，全班总成绩也比我们班高很多，但他们班却找不到各方面都出类拔萃的学生。这也是老师风格对学生产生的一种影响。

第三，同学关系。

近几年，校园霸凌事件时有发生，经常引发全社会的探讨，不少人在社交平台分享自己曾经的遭遇，也呼吁更多人关注青少年成长环境的安全和健康。

在初中时期，我们班就有一个被集体排挤的女同学。我相信这并不是少数现象，少年时“讨厌一个人”就像病毒一样可以迅速在集体中传播，如果不参与其中似乎就是“不合群”。我没有办法凭一己之力改变其他人对她的看法，但当时非常心疼她的遭遇。那时候流行节日互赠贺卡，我借机在贺卡中给她写了很多鼓励的话，希望她不要因此一蹶不振。

很幸运的是，她成功地走出了校园冷暴力的阴影。现在她过得挺好，通过努力考上了梦寐以求的南京师范大学，性格也越来越开朗。但我想，并不是所有人都能像她这样走出来，大多数人被孤立后，会性格大变、极度自卑，之后也需要付出很大精力、经过很长时间的修复才能重新回到原本的状态。

幼童离开父母或被父母拒绝是他们焦虑的最大来源；而**青少年的焦虑不安，主要来自同龄人团体的拒绝。因此在学生时代，很多人性格的某一部分是被同学塑造的。**

自我的自我

教育的自我不是终点，我们仍需要突破教育的局限以拥有自我的自我。

一个具有自知能力的人，能客观地分析自己、改善自己，同时，也能通过各种正确的方式塑造和完善自己，将自我价值扩展到社会中去，并在对社会的贡献中体现自己的价值。

但在拥有自我的自我前，人所有的想法都很容易受到社会的影响。因为家庭、教育都属于社会的一部分，要想突破它们，要有批判性思维和极强的独立思考能力。那么人要如何形成自我的自我？

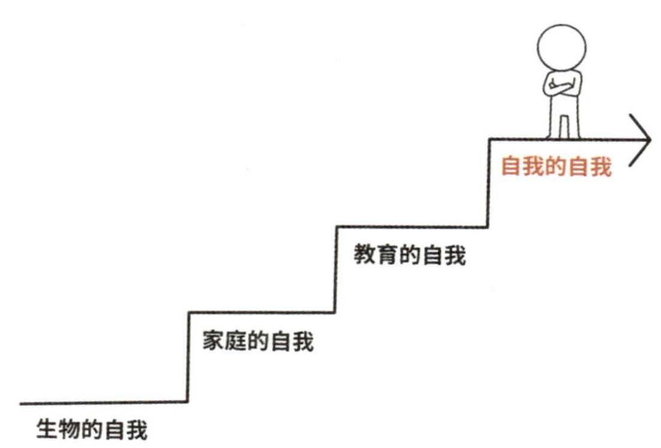

第一，要认识到什么是社会建构。

我们司空见惯的一些“真理”，其实是一种社会共识，比如，春节吃饺子、端午包粽子、“双十一”购物节，这些其实是人们定义出来的社会共识和风俗习惯。比如我们潜意识里认为男性应该勇敢，女性应该柔弱，**这种评价体系就是人类自己的建构，也就是社会建构。**

当我们离开学校这个环境进入社会后，我们更应该通过独立思考和社会历练，在信息洪流中筛选有价值的信息，来突破教育、家庭和生物的自我。也就是学会思辨，努力做到不唯书、不唯上，提出自己的疑问，围绕疑问不断求知，最后形成自己的知识体系，这是亘古不变的道理。

第二，学会质疑和批判，看到真实的世界。

每个人看到的只是真实世界的一部分。因此每个人都会有自己的信息偏差，导致你看不到这个世界更多的真相。我们一定要学会质疑和批判，并保持和外界的交流，避免盲人摸象。

第三，向认知水平更高的人学习。

人与人之间最大的差距，在于认知。当我们的认知水平很低时，我们往往无法看到更大的世界，就如同井底之蛙，认为井口便是全世界。千万不要早早地认为自己已经成熟了，封闭起自己的思维模式，用井底的世界去预判井口外的世界。

我与苏世民书院国际关系课程教学团队：美利坚大学教授、联合国教科文组织跨国挑战与治理中心主席阿米塔·阿查亚教授（左二），哈佛大学肯尼迪学院前院长、美国前助理国务卿约瑟夫·奈教授（左三），美国前任驻阿富汗大使、退役美国中将艾江山（左四），复旦大学国际关系与公共事务学院前院长、美国研究中心主任倪世雄教授（左五）

关于如何学会质疑，在苏世民书院读书的经历给了我很大的帮助。我们所有的课都是由国内一位院长级别的教授和一位来自国外名校例如哈佛、耶鲁、牛津等高校的讲席教授一起讲的。

例如，我们的比较政治学课程是由来自清华的王绍光教授（他曾任香港中文大学政治系主任），联合来自牛津大学政府学院的院长恩盖而·伍兹教授一同讲授。我们的国际关系课程是由复旦大学国际关系和公共事务学院前院长倪世雄教授和哈佛大学肯尼迪政府学院前院长约瑟夫·奈教授一同讲授。这样中西结合的教学方法，帮助我们在不同文化间培养批判性思维。

有时，因为两个老师的意识形态和教育背景完全不同，他们的理论、观点甚至会发生冲突。但这个思想碰撞的过程很有意思，中国学生常常非常同意中国老师的看法，外国学生会非常同意外国老师的看法，但这样的教学方式给我们提供了全面看待问题的视角，之后再如何思辨、质疑就顺理成章了。

我们要不断地寻找比自己认知水平高的人，像海绵一样去吸收他的认知和经验，不断“碾压”自己原有的认知，以获得真正的自我。在后文社交杠杆中我会展开讲述如何向上社交，在此就不赘述了。

当然，在这个过程中，肯定会有摔跟头的时候，但更重要的是不停止寻找自我的脚步。

一个人的成长、成熟离不开四个自我的有序递进，前者是成长的基础，后者是成熟的体现，生物的自我、家庭的自我、教育的自我、自我的自我，皆需重视，也都要分阶段引导和培养。

天赋和努力
哪一个更重要？

什么是天赋？

有一次，我和同学出去吃烧烤，两个人在出租车上闲聊。不知不觉就讲到自己好像没怎么复习就通过了精算师考试，没怎么准备就获得了牛津和清华的录取，没怎么练习就拿到了贝恩的offer（录取通知书）……

司机师傅转过头看了我一眼说："你这种人，应该拉出去被大炮轰。"

当然，我知道他是开玩笑，他觉得我在炫耀自己是一个天才。事实上，我当时想表达的意思与之相反。因为，我知道自己并不是那种天赋异禀的人。

世界上存在天赋超群的人，也存在智力不足的人，但大多数

人的智商都相差无几。那些看上去更聪明的人，只是掌握了一个原则——只做最重要的事情。

就像同样时间内，有人十分钟做五件重要的事，有人十分钟只能做一件，那前者看起来会比后者厉害。所以，聪明人的天赋更多是掌握了核心方法的能力。

就像学生掌握了一套好的学习方法，就能瞬间和天赋相近、努力程度相似的人拉开距离。

而天赋、天分这种讲究独一性、特殊性的存在，其实以大部分人的努力程度，还没有到需要拼天赋的地步。

醍醐灌顶

初中之前，我确实属于那种认为自己很聪明，远远没有认识到努力的重要性的学生。这与我小时候的经历有关，总被鼓励，鲜受打击，也没有人在学习上给予我足够的引导和教育。幸好后来在该努力的时候意识到自己的无知，做到了奋起直追，得到了更多选择的机会。

关于我如何认为自己聪明这件事，有家长和老师的助力，是他们给了我这个心理暗示。

小学二年级时，我跟爸妈打赌，说自己语文能考 100 分，他们不信，还去问了语文老师，老师也说不可能。但我那次真考了满分。这事奠定了我父母选择鼓励式教育的基础，从那之后，他们成天夸我聪明，觉得我做到了连老师都说不可能的事。

刚进初中那年，我入学考试考得很一般，全班 66 个人，我大概第 29 名，属于中等水平，怎么都和“聪明”有段距离。

但我们班主任却把我拉到办公室，说：“张自豪，我觉得你比班上考第一名、第二名的同学还聪明，你只要努力起来，一定不比他们差。”

如果你以为这是一个学渣逆袭的转折点，那你要失望了，因为从那以后，我的成绩一落千丈，直接从 29 名掉到了 55 名。班主任说那番话是为了鼓励我，而当时的我却不这么认为。我当时的心理活动是，既然我都这么聪明，干吗还要努力，干脆不努力了。

就这么接近垫底的成绩，我居然再次得到了生物老师的肯定。因为我非常积极地参与生物老师举办的各种活动，他很欣赏我，于是他的肯定比班主任还夸张，他对我说：“张自豪，你以后一定能考北大。”

但那时候，我已经开始质疑自己了，觉得我并不像老师们说的那么聪明，也搞不清楚他们为什么相信我能考上名校。

就在我陷入迷茫和自我怀疑的时候，因为我的一位好朋友陈雅雯的话而找到了一些方向。虽然我当时成绩确实不好，但性格好，很多成绩优秀的同学都愿意和我一起玩儿。

当时我和陈雅雯一起参加了市里的生物竞赛，拿了一等奖。有一次，我和她一起走在回家的路上，很随意地问她："你为什么成绩那么好？"

她说："**勤能补拙。**"

我突然间感到醍醐灌顶。在我眼里，陈雅雯一点都不"拙"，她在班上成绩排前三，明明是个又聪明又幽默的女生。如果连她都说自己要勤奋努力，更何况我呢？

于是我收起了那些自以为是的心理暗示，决定要像那些好学生一样勤奋努力。我开始观察好学生们平时如何学习，努力模仿他们的学习方法。比如我发现他们学英语的时候，会准备一个很大的错题本，每次遇到不会的单词、句式、语法题都抄下来，一周之后再翻回去总结，挑出反复出错的知识点，之后重点突破。就这么一个学习方法，让我的英语成绩提高了一倍。从那之后，他们怎么学我就怎么学，成绩很快就追上了。

同时，我对勤奋和努力也有了新的认识——**可怕的不是有人比你优秀，而是比你优秀的人比你更努力。**

“我只不过没努力”

自从成绩提升后，我就把自己的 QQ 签名改成了“不经事，不知难”，至今没换。

因为认识到许多事情并非想象中那么简单，只有真正克服困难后，才有下结论的资格。没人喜欢被批评，更没人喜欢听坏消息，所以，面对没做过的事情时，我们更倾向于认为自己可以做到。

就像上学时候，总有一类人爱说“我要是好好学，考得肯定比你好”“我只是不想学”“我只不过没有努力”，这样的人通常有一些小聪明，虽然在班上成绩不是垫底，但顶多在中游摇摆，和出类拔萃还隔着很大距离。

这其实是一种认知偏差，有人对此做过研究。**达克效应全称为邓宁 – 克鲁格效应（Dunning-Kruger effect），是指能力欠缺的人在自己欠考虑的决定的基础上得出错误结论。**

这个研究发现：在幽默感、文字能力和逻辑能力上最欠缺的那部分人总是容易高估自己——当他们实际得分只有 12% 时，却认为自己的得分在 60% 以上。

所以，很多容易高估自己的人常常幻想，如果一天背 100 个单词，那一个月就是 3000 个，结果要学习的时候，没看两秒书就想刷个视频放松一下大脑，最后考试没考好，便给自己找理由——“题目我都见过，只不过没好好复习”。

现实往往不是“我只是还没有努力”，而是没有能力。**许多事只有努力做到后，才有令人信服的资本。而那些冠冕堂皇的借口背后，是一个能力不足又不勤奋的人正在高估自己。**如果想克服这点，必须学会虚心、勤奋和努力。就像聪明的人，其实更懂得勤能补拙和笨鸟先飞。

想阶层跃迁，必须明白头部效应

平台上升

一个人如果想保持持续上升的状态，就要懂得选择平台。而选择平台时，需要遵循头部效应的法则。

什么是头部效应？是指在**一个领域中，第一名常常会获得更多关注，拥有更多资源。**平台也是一样，无论是学校还是职场，头部平台始终占据着更多的资源。

我们从教育部公布的 2020 年中国高校经费预算数据中即可窥见一斑，其中排名第一的清华大学年度预算高达 310.72 亿元，预算经费遥遥领先于其他高校，是第二名浙江大学的将近 1.5 倍，是第十名西安交通大学的 3 倍，是北京邮电大学的 10 倍。

之前在书院听过完美世界的创始人池宇峰的演讲，他提过一

电梯机制

个叫“**电梯机制**”的理论——**成功的人喜欢寻找向上的动力，但失败的人会向下降低标准获得满足感。**所以，要想获得成功，势必得保证自己每一次选择平台时都在不断进步和上升。

他在演讲时提到了雷军的创业经历，我们都知道，雷军22岁加入金山，38岁已经是上市公司CEO，可谓事业有成，甚至可以退休了，但他还是没有停止脚步。2010年雷军选择从零开始，和另外六个业界大咖联合创立了小米科技。从创业第一年80%的时间都在招人，到冒着核泄漏的危险飞去日本跟夏普总部联系搞定供应链，如今小米已经是一家市值千亿美元的公司了。听到这个故事，我十分感慨，已经成功的人都这么努力，我们想要变得优秀，如何能够轻易停下前进的脚步？

不仅仅是毕业后的职业发展要遵循这个原则，求学阶段每换一个学校，每进入一个新的环境，也是在完成一次新平台的跨越。在此我简述一下我的求学经历，以及如何在择校上遵循上升的电梯机制。

位于安徽省马鞍山市采石镇的采石小学，是我读书的起点。

和许多城里的学校相比，镇上的小学教育资源相对落后，信息也相对闭塞。可能大家都想象不到能有多闭塞。我记得有一次市里举办中小学生编程比赛，老师郑重其事地通过层层筛选，挑选了几个人参加学校里的培训班，打算集中培训之后去参赛。同学们都很拼，每天放弃午休的时间学习编程。但当我们好不容易熟悉掌握了编程语言时，老师突然告知："都别学了，这个比赛上周已经结束了。"因为我们学校太偏远，根本没收到比赛时间的通知……

在教学内容上，也比市里的学校落后一些。历史上，采石镇是大诗人李白逝世的地方，有白居易的诗句为证，"采石江边李白坟，绕田无限草连云"。因此我们学校特别重视书法、古诗文诵读之类的特色教育，要求小学生熟练背诵《大学》《中庸》《论语》《老子》《笠翁对韵》等课外内容，随时迎接市里领导的检查。但市里的小学则更注重语数外知识点的夯实与拓展。

在小学，我的成绩还算名列前茅，我不仅是班长，还是"大队长"；不仅写了一手好字，还能将古诗文倒背如流。后来我去了市里最好的一所初中就读，结果情况急转直下，作为小学班里的尖子生，刚进初中我的自信心就大大受挫，因为我发现班上同学们的单词量和语法积累都远超过我，奥数题做过一箩筐，我积累的经典诵读显得十分鸡肋，成绩也因此一落千丈。

小学的名列前茅到了市里初中变成了中游水平，而如果我没有进入这所初中，我甚至都不会发现我们小学的教育水平如此落后。但值得庆幸的是，经过了这样的对比，我更加坚定了一个信念——每一次择校都要去自己能够够到的最头部的平台。

就像《天堂电影院》里那句经典台词所说，**“如果你不走出去，你会以为这就是世界”**。初中阶段对我而言十分重要，在这所全市最好的初中，身边的同学都是从各个小学优中选优选拔而来的，想要不被落下就必须全力以赴，我的成绩也在同辈的压力下一点一点进步提升。

高中我通过自主招生进了扬州中学国际班，这所学校曾经被列为“江南四大名中”之一。随着踏入这个新的平台，我发现同学们不仅底子好、思维活跃，英语水平也很高。刚进去的时候，我也只是中游水平。转折发生在高二，当时我的托福考试已经取得了一个我很满意的成绩，在班上可以说数一数二。那年暑假，我争取到北京四中夏令营的一个免费名额，见到了来自全国各地优秀的高中生。我仍然记得当时的一位舍友，比我还小两岁，但托福成绩竟然已经和我一样了。这让我突然意识到世界之大，优秀的人很多，我不应该仅仅和身边的二十几个人去比较。

在参加这个夏令营之前，我对于自己的升学没有清晰的规划，然而参加夏令营之后，我决定给自己设定一个对当时的我来说十分具有挑战性的目标——考入美国排名前 20 的大学。高中毕业时，我发现除了我以外，班上其他的同学都去了排名 50 往后的学校，我想其中很大一部分原因是他们没有好的对标，因此无法设置更高的目标。

如果你没见过最好的，你就会误以为自己拥有的就是最好的，从而将自己封闭在目之所及的范围内，却忘记了世界之大。

进入大学之后，我在一个全新的平台展开了新一轮的学习。当时我的想法是毕业之后立刻开始工作，减轻家庭负担。这时候我的目标不再是笼统的“升学到好学校”，而是非常具象的“确定发展行业，去到行业内最好的平台，得到一份好工作”。所以我开始用以终为始的思维方式做选择，我给自己定的目标是能在毕业后尽快把留学的学费赚回来，于是我将目标锁定为咨询和投行这种毕业生竞相追逐的平台。我从他们的招聘启事上发现，商科专业的学生最受欢迎，其次是数学、经济等专业，于是我选择进入商学院，同时选择了数学经济双专业，为毕业后进入更高的职业平台做准备。

在大学毕业的颁奖礼上，按照惯例，院长会为每位毕业生颁发毕业证书并且宣读该生获得的荣誉，当时我以金融系前三名的成绩获得了毕业生的最高荣誉。同时，我也找到了自己想要的工作，开始憧憬即将踏入的第一个职场平台。

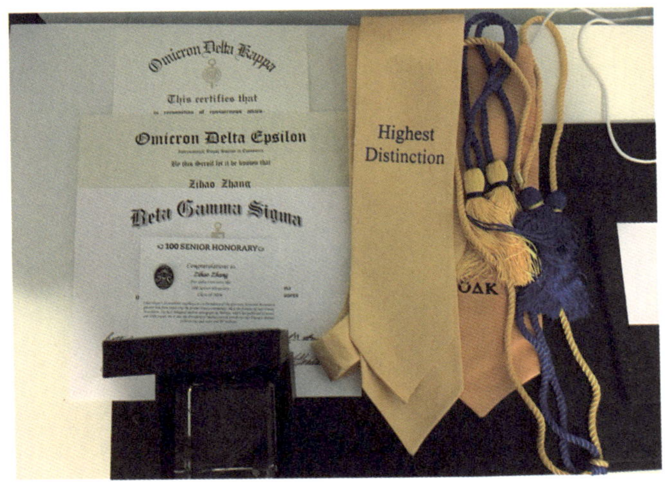

毕业时获得的荣誉奖牌和绶带

Emory 大学官网首页刊登了我被清华苏世民书院录取的新闻

我一直记得稻盛和夫说的一句话：**“在建立目标时，要设定超过自己能力之上的指标。人的能力有无限延展的可能，坚信这一点，面向未来，描绘自己人生的理想。”**所以永远不要担心向上看，向上看永远没有错。

选择苏世民

如前文所述，原本我的计划是大学毕业后直接工作，但命运往往会给你惊喜，打破原来的规划。因为毕业时我才发现原来自己的成绩还不错。于是在本科毕业典礼的当天下午，我去了一趟奖学金办公室，想看看能否申请奖学金，在这一天，我发现了一个新大陆。

一个叫苏世民学者的奖学金项目吸引了我的目光，当时我还以为是一个民办教育的野鸡项目，因为项目名是一个外国人名字“Schwarzman”，却设立在中国的清华大学。当我向奖学金办公室的老师发出疑问的时候，她告诉我说：“这是‘中国的罗德学者项目’，录取率很低，非常难申请。”

可能有人不知道什么是罗德学者，它被称作“本科生中的诺贝尔奖”，得奖者被称为“罗德学者”，其评定标准包括学术表现、个人特质、领导能力、仁爱理念、勇敢精神和体能运动等多方面，是世界上竞争最激烈的奖学金之一。在 Emory（美国埃默里大学），每年获得罗德奖学金的毕业生的照片会被挂在荣誉墙上，这是一个至高无上的荣誉。听老师说完，我突然想试一试，申请截止日期是 5 月 20 日，于是我在 20 天内紧赶慢赶完成了申请。

我当时已经找到了精算师的工作，预计 10 月份入职，也算是初步实现了大学时期定下的求职目标。众所周知，精算师算是金融行业的铁饭碗，大概是世界上最赚钱的职业之一，薪资会随着通过的精算考试数量而上涨，年薪最多可达 500 万。只要我愿意做下去，应该很快就能赚回大学的学费。

不知算不算巧合，7 月份收到苏世民书院面试通知的时候，我刚好在国内，于是就去了一趟清华大学，那是我第一次走进书院。当时的书院还处于完全崭新的状态，甚至连家具上的塑料袋都没拆。

书院从全球收到了上千份有效申请简历，筛选了 100 个人来到清华参加面试，其中中国学生只有 20 个录取名额。面试的形式是一个为期三天的夏令营，现场有 80 多个面试官，不仅有国际前政要、世界银行前行长、全球名校校长、世界 500 强企业高管，还有知名学者和投资人。每位候选人都需要被 6 个人同时面试，面试官会给候选人们设置一些任务，包括个人面试、团体面试，还需要打辩论和上台演讲，通过这三天的表现来考查候选人。

面试时还有一个小插曲，当时有一位面试官非常欣赏我在面试中的表现，和我聊了很久，甚至超出了面试时长半个多小时，他最后满意地对我说："如果你来我们公司面试，我一定录取你。"后来我才知道，他是 J.P. 摩根的 CEO。

三天里，我通过和其他候选人交流，才发现他们有多么优秀，也再次见到了更大的世界。上一次有这样的感受，还是高中参加北京四中的夏令营时。100 个候选人中，有人开创并运营了非政府组织，身体力行公益事业；有人技术创业，在 AI 领域崭露头角；有人在此之前进行过长达一年的云南支教，对偏远地区儿童教育有着深刻独到的见解……彼此讨论的话题都围绕着"一带一路"、国际关系、环境保护、公益组织等，这与我之前所在的商学院的氛围完全不同。是这次经历和这群优秀的人让我了解到，在个人与私营部门的发展之外，有如此多让人兴奋的话题，公共部门、公众利益……这些看起来宏大无比的命题具象成了一个个落在这一代青年身上的亟待努力解决的问题。

在开营仪式上，苏世民书院院长、著名经济学家李稻葵先生对我们说："**无论将来是否能够入选苏世民学者项目，你们都已经是中国未来的火种。**"也是在这里，我第一次认真思考"青年领导力"到底是什么，它能有什么样的力量，我开始真正意识到"少年强则国强”绝非纸上空谈，这里发生的一切讨论都有可能对未来的中国产生巨大的影响。

面试结束那天，我爸刚巧也在北京，我俩约在了四环外的一家麦当劳吃晚饭。我对他说：“这个项目竞争太激烈了，候选人都比我优秀。录取难度太高了，感觉不太可能，我还是10月份回去老老实实上班吧。”可我刚入职第二周，就接到了苏世民书院的录取电话。

虽然很激动，但我没有第一时间做出回国读书的决定，反而思考了很久要不要读这个研究生，这可能是我这辈子做过最冒险的决定。当时我同时收到了牛津大学的录取信，于是给爸妈打了通电话，他们也表达了看法，觉得花了这么多钱让我出国读书，现在我已经找了一份很好的工作，可以独立生活了，为什么还要回国从头开始？

后来真正帮助我做出决定的是苏世民书院第一届开学典礼，我观看了全程直播。

典礼上，教育部部长陈宝生先生宣读了习主席的贺信。

时任美国驻华大使马克斯·巴克斯先生也宣读了来自时任美国总统奥巴马先生的贺信。

时任国务院副总理刘延东出席开学典礼，并亲切致辞。

还有许多国际政要及知名学府的校长出席了典礼或者视频致辞，我摘录部分他们的致辞：

清华大学校长邱勇："苏世民书院旨在培养具有全球视野、致力于推动人类文明进步的未来领导者，是**认识最优秀的人，并展示你的雄才的最好的平台和机会。**"

澳大利亚前总理陆克文："年轻的朋友们，作为明日的领袖，这是你们的机遇，这也是你们的责任。"

英国华威大学前校长、苏世民书院执行主任薛伟德："你能比这些苏世民学者还要优秀吗？"

剑桥大学校长莱谢克·博里塞维奇："如果你是苏世民学者，你将学会如何与跨文化背景的人一起解决困扰世界的问题。"

耶鲁大学校长彼得·萨洛维："**苏世民学者将直面全球挑战，学习如何跨文化合作，解决困扰世界的问题。**"

美国第一夫人米歇尔·奥巴马："新世纪的诸多挑战，需要我们每一个人，尤其是我们未来的领袖，抛开分歧，跨越国界，坚定一心地面对我们共同的挑战。"

英国前首相布莱尔："苏世民项目是近来学术界最富进取精神和吸引力的创新举措之一。"

美国前国务卿基辛格："苏世民项目不仅能帮助学员了解

世界各地学生所关注的问题和利益，还能帮助他们建立关系和友谊。”

美国前国务卿克里：“苏世民项目是有史以来目标最宏伟、意义最深远的国际教育与协作项目之一。”

联合国前秘书长安南：“学者们将有机会在苏世民书院塑造21 世纪领袖所需的性格特质。”

看完这场直播，我心头的石头落了地，也更加深刻了解了这个项目的重要意义，它不只是我起初所想申请的一个奖学金，更是一次开拓全球化视野的机会，一次更加深刻了解中国的机会。毫无疑问，苏世民书院于我而言是一个更大的平台。我义无反顾地抓住这个机会，回到北京。

保持中游

当我们确立了要跨越平台的信念之后，要如何做才能不断保持平台上升呢？我的答案是“一直保持中游”。这可能听起来不太常规，也违反直觉，既然要力争上游，往头部聚拢，为何要始终保持中游呢？但我确实一直用这个方法帮助自己持续实现平台跃升。

早在很多年前就有类似的观点，它被称作“第十名现象”。一名叫周武的小学老师，观察到班上第十名左右的学生有着难以预想的潜能和创造力，促使他们未来在事业上崭露头角，出人头地。

这里所指的第十名，并非刚刚好第十名的学生，而是指成绩处于中游的学生。

为什么不是第一名呢？根据他的解释，中游学生这个群体的共同特征是：他们受老师和父母的关注不那么多，学习的自主性更强、兴趣更广泛。至于名列前茅的学生因为得到父母、师长过分关注，过分强化学科成绩，反而抑制了其潜能和学习自主性。回顾过往求学经历中认识的同学，的确第十名左右的学生，自我驱动力和创造力更强，他们知道自己将来要往哪儿走，也知道自己想要什么，往往在未来能有更好的发展。

这是保持中游的其中一种解释，另一种解释是我在不断跃升新平台时总结的原则。

每当我们在平台中发现自己处于上游的时候，便会失去可以对标的奋斗目标，这时就要去寻找下一个平台，为自己寻找一个更高的奋斗目标。然而，如果我们在新平台的位置处于底部或者说下游，巨大的同辈竞争压力会让我们失去奋斗的意志。因此挑选下一个平台的标准是——不容易轻松做到领先，又不能追赶起来无比痛苦。

一个处于中游的人，永远有可以学习的对象，又不会因为太靠后而失去向上的动力。

《论语》里说“取乎其上，得乎其中”，也是同样的道理，把目标定得稍高一点儿，既有压力，也有动力，同时保证人生一直向上发展。

适应平台

那么，进入新平台之后，如何快速适应并且晋升到平台的头部呢？

我觉得适应新平台需要经历三个阶段。

第一部分，观察学习，**寻找自己可以对标的对象和发展路径。**

我进入初中的时候是班上 66 个人中的第 29 名；进入高中是 20 个人中的第 10 名；进入大学是刚刚达到录取标准；进入苏世民书院时，比我优秀的也大有人在。这样的位置让我始终能够向平台中更优秀的人学习。就像我初中时把朋友当作学习对象一样，我在新的平台都会寻找一个对标，观察他们并找到适用于自身的发展路径，跟着优秀的人进步。

在学习上，我会观察班里成绩最好的同学使用了什么学习方法，他们课堂上和课外如何完成课业目标，如何与教授或者导师交流，要积极模仿并且筛选出最适合自己的学习方法。在课外活动上，我加入各种类型的社团，观察社团组织者是如何组织活动、发动社员、争取资源的，同时争取在一两个社团担任管理岗位，为未来自己创办社团积累经验。

第二部分，**开始发力**，给自己成长的时间。

在经历了观察和学习，拥有了足够的积累之后，就应该开始将观察到的经验付诸行动，慢慢完成最初设定的目标。

初二，我的成绩已经从 29 名跃升到前 10 名，课余还参与了生物课题研究，拿到了省级奖项。高二，成绩基本稳定在第一名的位置，还利用学校的外教资源创办了英语话剧社，让更多同学有机会和外教交流，举办全校性的演出并且发起公益募款活动，提升自己的领导和组织能力。大二，我的 GPA 从 3.6 提升到 3.9 以上。此外，我想要突破学校社团完全由美国人领导的惯例，在了解成功的社团如何运行之后，我创办了自己的报社。之后通过公开竞选担任大学媒体委员会主席，管理 15 家学生报刊、电视台和广播电台。

平台上升三段论

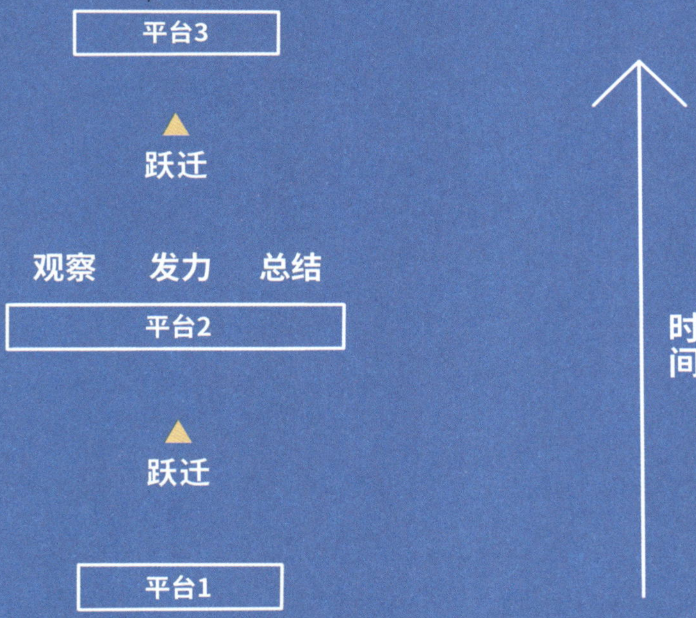

平台3

跃迁

观察　发力　总结

平台2

跃迁

平台1

时间

第三部分，**总结提炼。**在进入平台的后期已经占据领先地位时，开始总结过去是如何走过来的，进入下一个平台之后要怎么做自己才能变得更好。换句话说，是把已有的知识、经验总结好，应用到下一次跃迁。

初中毕业，我考入了不错的高中；高中毕业，在全班同学里，我申请到了排名最靠前的大学；大学我以最高荣誉毕业，还获得了只有金融系前三名才能获得的亚特兰大金融分析师奖。作为大学媒体委员会主席，我还有幸受到美国前总统吉米·卡特的接见。无论是同时完成两个专业的课业，还是在四个社团担任主席的经历，都让我形成了自己的一套方法论。我将这套方法论带入下一段经历，不断经受考验和迭代。

每当我们晋升到一个新的平台，要时刻记住，无论之前一段经历有多么辉煌，都不要时刻留恋之前的光环。我们自始至终都要记住一点，平台是平台，个人是个人，不要把平台的光环和个人能力对等。

创业之后，我有了更深的感悟。在贝恩工作的时候，不管是分析数据还是找专家沟通，我都得心应手。因为贝恩作为一家全球顶尖的咨询公司，有成熟的供应商体系可以选择。然而作为一家初创公司的创始人，人才不会因为我是网红就盲目加入我的团队；供应商不会因为我是清华毕业生就给我折扣；而我可能会为了拿到更便宜的租金，跟房东谈判一个下午。

记住，**别把平台赋予的光环当作自己的本事。**光环稍纵即逝，而大平台的经历，给我们带来的应该是追逐梦想的勇气，遇到困难随机应变的能力，面对风浪力挽狂澜、从容不迫的淡定。

时刻保持归零心态，因为奋斗刚刚开始。

小节提炼

01

每一代人都是站在父母的肩膀上，努力完成对上一代人的跃迁。

02

如果你也像我一样，曾经嫌弃父母没本事、没眼界，意味着你已经走出了父母的局限，而这正是他们倾尽一切想看到的局面。

03

每个人看到的只是真实世界的一部分。因此每个人都会有自己的信息偏差，导致你看不到这个世界更多的真相。我们一定要学会质疑和批判，并保持和外界的交流，避免盲人摸象。

04

我们要不断地寻找比自己认知水平高的人，像海绵一样去吸收他的认知和经验，不断“碾压”自己原有的认知，以获得真正的自我。

05

一个人的成长、成熟离不开四个自我的有序递进，前者是成长的基础，后者是成熟的体现。生物的自我、家庭的自我、教育的自我、自我的自我，皆需重视，也都要分阶段引导和培养。

06

世界上存在天赋超群的人，也存在智力不足的人，但大多数人的智商都相差无几。那些看上去更聪明的人，只是掌握了一个原则——只做最重要的事情。

07

聪明人的天赋更多是掌握了核心方法的能力。天赋、天分这种讲究独一性、特殊性的存在，其实以大部分人的努力程度，还没有到需要拼天赋的地步。

08

达克效应全称为邓宁－克鲁格效应（Dunning-Kruger effect），是指能力欠缺的人在自己欠考虑的决定的基础上得出错误结论。

09

许多事只有努力做到后，才有令人信服的资本。而那些冠冕堂皇的借口背后，是一个能力不足又不勤奋的人正在高估自己。

10

“电梯机制”：成功的人喜欢寻找向上的动力，但失败的人会向下降低标准获得满足感。

11

如果你不走出去，你以为这就是世界。如果你没见过最好的，你就会误以为自己拥有的就是最好的，从而将自己封闭在目之所及的范围内，却忘记了世界之大。

12

在建立目标时，要设定超过自己能力之上的指标。人的能力有无限延展的可能，坚信这一点，面向未来，描绘自己人生的理想。

13

一个处于中游的人，永远有可以学习的对象，又不会因为太靠后而失去向上的动力。

14

适应新平台需要经历三个阶段：第一部分，观察学习，寻找自己可以对标的对象和发展路径；第二部分，开始发力，给自己成长的时间；第三部分，总结提炼。

15

别把平台赋予的光环当作自己的本事。

　　真正的勤奋，不是花大量的时间去做最简单的事，而是去做最重要的事。

Efficient learning

第 2 节

高效学习

学习的本质：已知和未知

简单来说，学习是获得知识、培养技能、产生认知的过程，同时让人学会正视自我，懂得提问、观察、理解、构建、比较乃至创造。

而学生阶段的学习，不外乎通过师长的讲授，以最直接的接纳为基础获取知识，对世界产生好奇、质疑，比如，想要知道为什么会下雪等，由问求答，主动探索。然后在积累一定知识量的基础上，构建自己的框架，懂得在存储的记忆中调取知识，应对未知问题。也就是说，一个会学习的人，既要懂得整合知识，也要接受自己的思维随着知识的增加不断变化。

因此学习的内容分两种：

一个是已知，我们如何将所学的知识内化并长期记忆；

另一个是未知，如何高效吸纳新的知识并在遇到未知问题时灵活运用。

比起罗列各种花里胡哨的学习方法，我会详述两个原则，来分别应对已知和新知。一个是主动检索，一个是总结提炼。我会在后文中详细展开来讲这两个原则。

巩固已知

对于已知的部分，需要学会检索式学习，做好巩固，强化长期记忆，不能今天学了明天忘了。

值得一提的是，很多人以为考试仅仅是一种检测学习结果的方式，事实上，它是一种有效帮助学习的方法。除了中考、高考这种一锤定音的重要节点，学生时代经历的其他考试大多数是为了帮助我们学习。

有人喜欢在考试之前搞突击，集中精力把教科书看一遍，临时抱佛脚固然有效，但这是效果最差的一种学习方式。最好的方式是每学完一个知识点就反复提问自己，通过回答问题来主动检索已学的知识，通过自己给自己出题来不断加深记忆。

我们需要明白学习知识和练肌肉差不多，如果不去刺激已有的肌肉，就无法锻炼出新的肌肉。学习就是要到一个不舒适的范围去拓展自己。比起阅读，背诵更难；比起背诵，隔一会儿背诵更难；比起隔一会儿背诵，抽测更难；比起抽测自己，教别人更难……在学习时，面对每一个新的知识点，都要考虑自己能不能以递进的方式，进行分解学习和掌握。

沉湎于简单的事情很难进步，只有当你发现学习很困难时才是在进步。

面对未知

对于新知识的学习，一定要懂得总结“规则”，构建自己的知识体系。

回顾学生时代，我觉得自己唯一有效使用的学习方法就是总结——从无数的知识里面，总结出自己观察到的规律，总结出一个规则，提炼最适合自己的框架。

比如之前考精算师的时候，考试碰到的题目一定不是之前练习过的，因此最好的准备方法是从已经做过的题目中为每一种题型总结出一个 6 分钟解题法。因为真正的考试中每道题我只有 6 分钟时间来作答，如果不能在这个时限内完成，就来不及做完所有题目。

跟普通人相比，聪明人之所以聪明是因为他们能找到方法，他们会总结规律，每次记完笔记、背完单词、做完数学题，一定要记得去总结规律，然后将规律用到下一次学习当中。千万不要每次遇到问题，都去重新思考怎么解决。而我们总结出的方法或规则，多半也可以跨学科和跨领域使用。后文我会详述如何总结和提炼。

应对已知：舒服的学习不是学习

不知道你们有没有见过这样的同学，他们总是会用五颜六色的水笔，记着工工整整的笔记，看起来很刻苦，但到最后成绩好像都很一般。

这样的人看起来非常努力，但实际上在偷懒。因为他们把80%的时间花在了最不重要的事情上。

很多人在每次背单词之前，会先收藏很多学习方法，再关注很多英语博主；每次下定决心要减肥，先去买一双运动鞋，再办一张健身卡，这些表面上的努力让我们沉浸在自己非常勤奋的喜悦当中。事实上，背单词就是反复记忆和总结，并不包括收集资料和买笔记本。

真正的勤奋，不是花大量的时间去做最简单的事，而是去做

最重要的事。

很多人在抖音上给我留言，希望我讲一讲自己的学习方法，但我很少会去真正地分享我用过的学习方法。原因是，首先我坚信每个人都应该有自己的方法，需要自己去总结；其次是我觉得此类话题并不适合在抖音的内容环境下展开。大部分人刷抖音只是为了放松，即便是浏览知识类的视频，更多也是碎片化获取信息而非系统化获得知识。这种“人根本不在学习状态”的学习，效率是很低的。

诚然，我也刷到过很多分享学习方法的高赞视频，打出“学霸都在用”“一分钟学会”“两个月逆袭”的噱头，备受推崇。然而，学习是积累的过程，欲速则不达，这些过分强调速成的方法真的有用吗？

在看过大量的同类型视频之后，我摸清了它们的三板斧，制造焦虑——给出方法——展示成果，这种“流水线作业”式的内容输出基本成了一些“学习博主”的流量密码。在流量面前，这些方法本身是否适用可能并不那么重要，看视频时获得的“只要我照着做，就可以学好”的错觉，才是让焦虑得以暂时释放、让人心生愉悦的关键，与其说这是“学习方法”，不如说是“逆袭爽文”。

这些偷懒的方法，看似简单照着做就能学得好，其实违背了学习的规律。

让大脑被迫工作

认知科学关于人脑的研究，表明懒惰是人的一个天性，也就是——喜欢做简单的事。

北大认知心理科学家魏坤琳在控制运动研究中也讲过一个相关案例：对羽毛球初学者的大脑前额叶核磁共振扫描（脑前额叶是主管决策、认知、监控的脑区），发现该区域会特别活跃，可见学习新知识非常消耗大脑能量。但学习一段时间后，动作开始自动化，大脑会想方设法降低能耗，换句话说，就是开始偷懒了。

我在抖音上看过一个点赞量高达150万的学习方法视频，教人如何用两小时读完一本书，还能做出一页漂亮的读书笔记。

博主的结构快速读书法很简单，花5分钟仔细阅读书的封面，在笔记本的中间位置写上书名和副标题，然后花15分钟，仔细阅读书的前言，提取核心观点，之后再用40分钟，阅读目录，然后把每一章节的小标题抄一遍，并在后面提一个跟自己实际相关的问题，之后翻内容解答。做完这些，这本书就算读完了。但隔一段时间，你会发现自己根本不记得书里的内容。

可是为什么那么多人点赞？因为这是一个看起来简单的学习方法。

很多人痴迷于各式各样的学习方法，因为收藏学习方法的视频是简单的事，画线是简单的事，用荧光笔抄目录也是简单的事。

实际上，要想真的获得知识，就一定不能做简单的事。

人容易有偷懒的想法，我们需要想办法克服这个天性。比如，检查数学题时，大多数人习惯顺着思路检查，其实这样很难检查出逻辑漏洞，而倒着推算更容易找出问题。包括考试时，检查整张卷子也应该逆着检查，如果从第一题查到最后一题，容易受之前解题的思路干扰，反着检查才能抵抗人的惯性。

人要想牢牢地记住一个东西，就必须刺激到大脑。因为大脑被迫工作时，才会记得更牢。不花力气的学习，就像在沙子上写字，一阵浪袭来就什么痕迹都没有了。

高中时，我们早读时有听写单词的习惯。如果按照常规的方法记单词，听写的时候就很容易忘记。如果换成背完一个单词就合上课本提问自己，反复测验，更能提高准确率。后者比前者更难，原因是我们在反复检测自己是否真的“熟悉”了单词。

后来考SAT（也称“美国高考”）时，单词题很难，难到一道题有五个选项，可能一个都不认识，做题只能靠直觉，而这个直觉就是平常反复练习后养成的肌肉记忆。但注意这里的**练习不是不断地重复，真正正确的练习，要有好的导师，有目标，有反馈。**

有段时间很盛行"一万小时定律"，作家格拉德威尔在《异类》一书提到的，"人们眼中的天才之所以卓越非凡，并非天资超人一等，而是付出了持续不断的努力。一万小时的锤炼，是任何人从平凡变成世界级大师的必要条件"。

一万小时定律的因果关系非常简单，一个人只要在某个领域练习一万小时，就能成功。事实上，安德斯·艾利克森在《刻意练习》这本书中，狠狠地反驳了这个观点。他说：

第一，当我们练习某种技能的时候，一旦表现达到了"可接受"的水平，并且可以做到自动化，那么它就会成为自然而然的技能，比如学会开车、学会弹奏简单的曲子。在这种情况下，如果将继续开车、继续弹简单的曲子当作"练习"的话，就算经过几年时间，也不会有什么实质性的进步，并不会变成赛车手或钢琴家。相较而言，有目的的练习则更加有效，挑战有难度的赛道和曲子才能获得进步。

第二，一个人遇到的挑战越大，大脑的变化就越大，学习也越高效，但是过分逼迫自己可能导致倦怠。因此，处在舒适区之外却离得不太远的挑战，才能使大脑的改变最为迅速。

所以，**真正行之有效的学习方法，绝不是简单地重复、盲目地刻苦和没有章法地练习。**

学会给自己出题

人天性中的懒惰，经常导致我们在学习时陷入“熟悉的陷阱”。

估计很多人有过类似经历，无论做数学题还是背单词，翻开课本看一遍，就觉得自己会了，但合上课本，发现还是两眼一抹黑。**对于熟悉的内容，只有看着的时候能流畅复述，因为那只是短期记忆，不算真正掌握，这就是“熟悉的陷阱”。**

科学表明，一个人要想获得长期记忆，需要学会主动检索式学习，必须反复测验自己，从已有的知识里考验自己，不要按既有的顺序背诵或记忆。我把这种主动式检索称为“给自己出题”。

在国内我刚开始背单词时，我会按照顺序把所有单词背一遍，包括中文、英文、例句，然后一遍一遍重复记忆，后来我发现这样做的效率很低。后来在国外读书时，我看到外国人常常用认读卡来学习，不仅用来背单词，还用来背公式和一些学术概念。于是我开始尝试使用外国人的认读卡学习方法，我发现其关键在于**制造随机性：**将需要记忆的内容写在一张张卡片上，每次学习之后，将卡片顺序打乱，遇到会的知识就把这张卡扔掉，不再重复记忆。一轮回顾结束之后，将手中的卡片再次打乱顺序，如此反复测试自己。

复习时遇到大量已掌握的内容，会让人产生满足感，制造已经会了的错觉，反而妨碍学习效率。**要想巩固学到的知识，一定得刺激自己的大脑，给自己出题，随机挑战自己的惰性。**

给自己出题就是主动检索，反复给自己出题就是在帮助我们反复检索已知的内容，通过找出不会的内容，查漏补缺。亚里士多德在论述记忆的文章中写过："反复回忆一件事情可以增强记忆。"也就是说，**反复出题会让大脑里的信息结合更紧密，增加并强化头脑中检索知识的神经回路，通过不断回忆，把知识和技能嵌入脑中，形成条件反射，把学过的内容真正存储下来。**

除了反复出题以外，还有一种关键的检索式学习方法是**间隔出题**。简单来说，**间隔出题就是在记忆某个知识点后，隔开一段时间再去检索。**

我在大学上过一门体育课，是太极拳课，老师要求我们按顺序学会太极拳的 24 式并在期末完整演练。同时，还要写一篇期末论文，讲述学习太极拳的心得。论文中，我用张三丰阵前教张无忌练太极剑的故事来比喻我学习太极拳的过程。张三丰在传授张无忌剑招的时候，张无忌起初看得特别认真，但过分执着于一

认读卡片

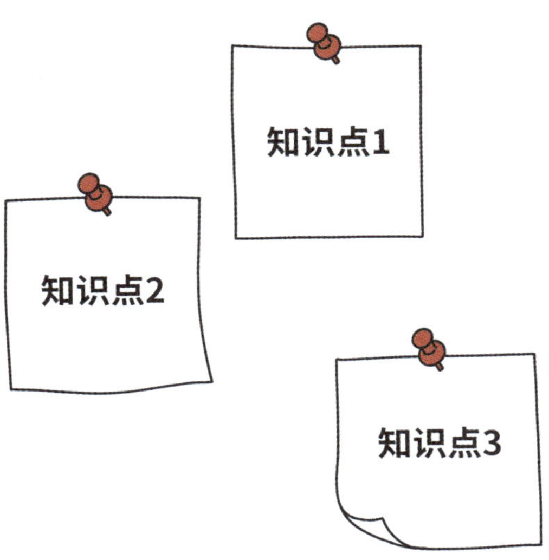

招一式，因此后来演练招式时不甚连贯，这就如同我们考前通宵达旦死记硬背一般。然而张无忌在张三丰的要求下，一遍遍忘记剑招之后再次演练招式时，动作竟越发行云流水。

这是因为短期频繁地检索只会产生短期记忆，而长期记忆的训练需要加深记忆痕迹，这需要一段时间来完成。**有间隔的练习会让我们在开始出现遗忘时，再次主动去检索所学的东西，这样大脑会被迫花更多的力气，帮助我们进一步强化记忆。**

学会间隔出题的另一个重要原因是，刚学完新内容，大脑信息繁杂，处于信息爆炸的状态，很难立刻梳理出一个框架结构。而当时做的笔记，容易出现东一榔头、西一棒子的情况，放空一段时间再检索，更容易帮助自己整理出完整的思维框架。

这就如同张无忌刚刚学会剑招，还未了解剑意。只有间隔一段时间，当他渐渐忘记每一招每一式时，他才把太极剑的以柔克刚、以静制动、后发先制等剑意内化为己用。

在给自己出题时一定要注意**延迟反馈**，很多时候频繁的即时反馈会打断学习过程，有碍于学习者建立稳定的记忆模式。这里指的是遇到不会的题不要立马去看答案。

我中考时政治和历史其实是开卷考试，但平时测验或模拟考试，老师不允许学生们带着教材进考场。因为如果允许学生们边做题边翻教材，他们很可能在碰到不会的题目时，就立刻翻书找答案。这时候大脑不会费力去检索和记忆，潜意识里认为自己已经记住了。然而在闭卷考试时，学生要在做完卷子之后再去翻教材，反馈来得晚一点儿，记忆反而会更深。

其实这也有相关的科学依据支撑，1885年，德国著名的心理学家艾宾浩斯，发表了关于记忆曲线的实验报告，表明人类在学习中的遗忘是有规律的，遗忘的过程很快，并且先快后慢。

根据曲线可以发现，在学习知识一天后，如果不复习，将会忘记67%的内容，随着时间的推移，遗忘的速度减慢，遗忘的数量也减少。所以，**要中断遗忘的过程，就要勤于复习，间隔时间给自己出题。**

艾宾浩斯遗忘曲线

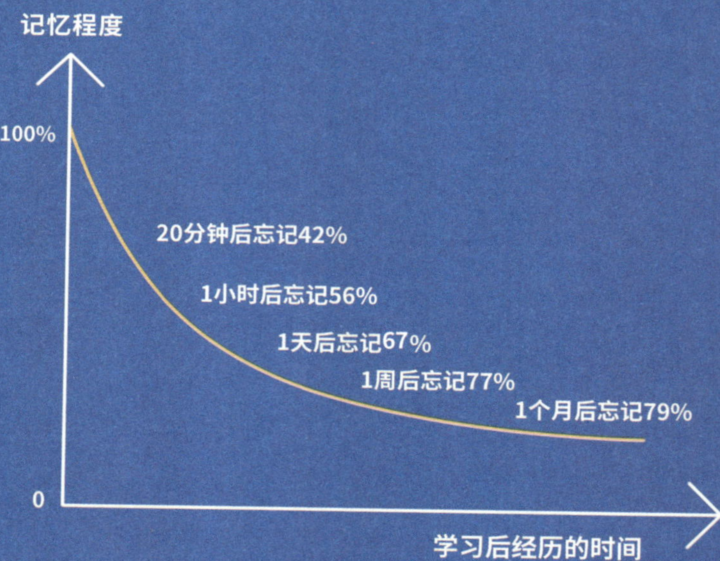
记忆程度
100%
20分钟后忘记42%
1小时后忘记56%
1天后忘记67%
1周后忘记77%
1个月后忘记79%
0
学习后经历的时间

应对未知：你的学习方法只属于你

面对已经掌握的知识，我们可以通过刺激自己的大脑和给自己出题来巩固记忆。那么对于未知的一切，我们应该如何找到合适的方法去掌握？我认为无论什么学习方法，其核心万变不离其宗，就是**总结和提炼，不断发现规律，萃取自己的心智模型。**即通过总结之前的知识规则来提炼关键概念，然后发现规律，用自己的知识体系去解决新的问题。

总结提炼

人们最善于总结和提炼的学科是历史，善于从历史中汲取智慧、经验和力量。

司马迁说过，“究天人之际，通古今之变，成一家之言”。唐太宗也有名句，“夫以铜为鉴，可以正衣冠；以史为鉴，可以知兴替”。对我们来说，历史是最好的教科书，前事不忘，后事之师，我们知道的历史越多，看待事情的角度越多，就越能把不同的概念进行类比。

而我强调要“总结”的原因是，**聪明人看起来聪明，就是因为善于总结。**他们善于捕捉关键信息、总结客观规律、做出正确的判断，最后果断行事。**每个人总结自身得出的内容，就是自己的心智模型。**它代表着一个人如何看待这个世界、理解这个世界，然后通过已有的知识、数据、信息，总结成自己的架构，帮助我们做出决策和选择，帮助我们面对未知的问题。

这样的心智模型，在学习中就是学习方法，在工作中就是工作方法，在为人处世中就是做人准则。而这套心智模型，只属于你自己。

将新知识萃取成自己的心智模型需要两个步骤，第一步是构建知识架构，第二步是探索一般规律。而它们分别需要两种能力来支撑，一个是构建能力，一个是归纳能力。构建能力帮助我们在学习新资料的同时摒弃无关信息，提取核心概念。归纳能力帮助我们留意事物的一般特点，推测一般规律。

首先是构建知识架构。构建知识架构分为两步，第一步是摒弃无用信息，第二步是搭建架构。

提炼是一个淘沙子的过程，架构水平高的人，善于提取关键信息，而架构水平低的人，往往很难有效摒弃无关信息，容易被干扰，也就不能总结出可行的模型，无法为下一步学习打下基础。

因此要懂得提取**核心概念**，保证筛选出的内容都可以支持核心概念。同时，**分清主次**，分清哪一个是上一层的思维，哪一个是下一层的思维，以此来搭建完整的知识架构。

其次是探索一般规律。我们都知道规律是客观的，是事物运动过程中固有的、本质的、必然的、稳定的关系，它不以人的意志为转移，既不能被创造，也不能被消灭。所以，规律可以被发现，也能被总结。

但发现和探索规律并不是一件容易的事，它需要我们从过往一点一滴的积累中，认真观察、仔细推导、反复验证再到最终确认。每一步都要有意识地长期培养，才能养成习惯，形成能力，变成重要的人生技能点。

而这样做，不仅能把原本孤零零的知识点融会贯通，也能让我们在遇到未知情况时，从已知的经验中发散思维，提炼升华，推测出事物的一般规律，做到举一反三，找到解决问题的方法。

两个方法

相信大家都有过这种经历，考试的时候，题目怎么做都做不出来，之后老师进行讲解，提示一句“这道题我们用 ×× 公式来做”就感到豁然开朗。知识点明明知道，却无法进行实际应用，之所以会出现这种卡壳的状况，就是因为没有对知识进行逻辑化、系统化的提炼。那么日常学习中，有什么具体的学习方法可以帮助我们边学习边总结呢？

在这里，我简单分享一下**康奈尔笔记法**，也叫 5R 笔记法。这个方法是一种针对记与学，思考与运用相结合的有效方法。

康奈尔笔记法是把一张 A4 纸分成三个部分，右上最大的空间用来做笔记，左边竖着那处做“线索栏”，归纳右边内容的重点，方便回顾，下面横着一栏做总结，用简短的话总结本页记录的内容，促进思考和消化。

具体有五个步骤：

第一步，记录。在听讲或阅读过程中，在主栏（将笔记本的一页分为左小右大两部分，左侧为副栏，右侧为主栏）内尽量多记有意义的论据、概念等讲课内容。

第二步，简化。尽可能及早将这些论据、概念简明扼要地概括（简化）在回忆栏，即副栏。

第三步，背诵。把主栏遮住，只用回忆栏中的摘记提示，尽量完整、细致地表达之前学习的内容。

第四步，思考。将学习所得与听课内容分开，单独写在最后一部分的总结栏。学习所得也就是感受、体会之类的内容，可以加上标题和索引，编制成提纲、摘要，分成类目，并随时归档。

第五步，复习。每周用大约十分钟的时间快速复习笔记，主要是先看回忆栏，适当看主栏。初用这种做笔记的方法，可以以一科为例进行训练。在这一科不断熟练的基础上，再用于其他科目。

如果把康奈尔笔记法拆开，分析它的逻辑，其实就是两点：

第一，要探索考验自己，问自己问题。

第二，总结规则。当熟练掌握了这个方法后，也就懂得了如何检测自己知道什么、不知道什么。

在知道康奈尔笔记法前，我从小到大都在用一个自己总结的所谓“**A4 学习法**”（我知道听起来没有康奈尔笔记法那么高级，哈哈）。在这里我推荐给你，因为它不需要我们买专门的康奈尔笔记本，也不需要在纸上画线，只需要一张 A4 纸和一支笔。

康奈尔 5R 课堂笔记法

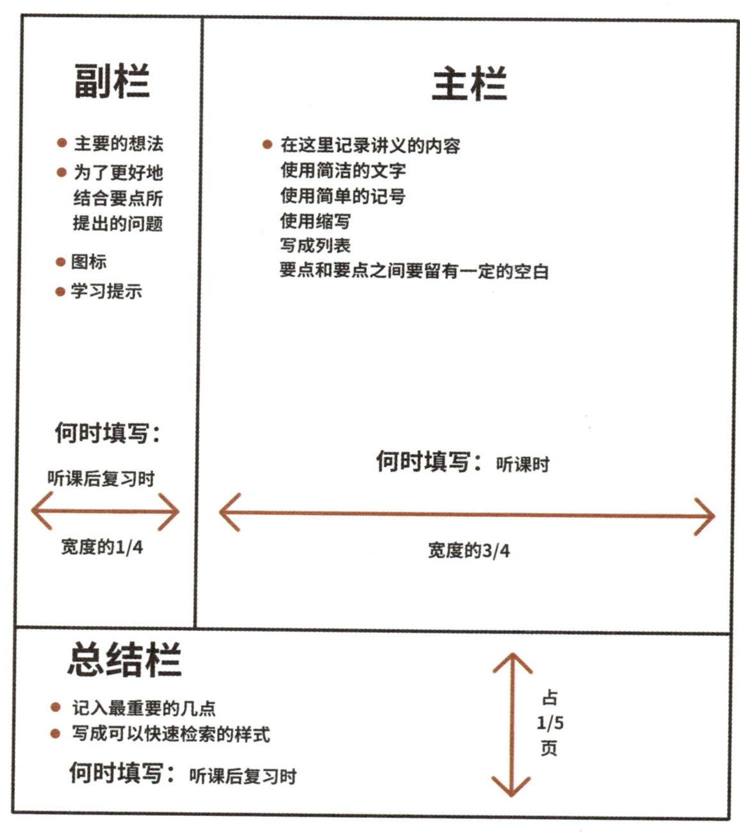
副栏
主要的想法
为了更好地结合要点所提出的问题
图标
学习提示
何时填写：
听课后复习时
宽度的1/4
主栏
在这里记录讲义的内容
使用简洁的文字
使用简单的记号
使用缩写
写成列表
要点和要点之间要留有一定的空白
何时填写：听课时
宽度的3/4
总结栏
记入最重要的几点
写成可以快速检索的样式
何时填写：听课后复习时
占
1/5
页

首先我们要明确，记笔记绝不是为了把知识点、题目誊抄在纸上，而是为了通过这个过程把知识点记在脑子里。笔记是辅助思维的手段，所以化繁为简的 A4 纸成了我最实用的工具。平日里我学任何一门学科，都会做同一件事情——在 A4 纸上给自己考试。

A4 学习法分成两个部分：整理关键知识点和复述，反复为之。

具体做法如下：

一、在结束了每个单元 / 章节的学习之后，合上书本，只准备一沓 A4 纸和笔，开始默写关键知识点，再根据这些点还原完整的知识面。结束之后对照书本进行查漏补缺，反复多次，做到根据 A4 纸上默写出来的内容就能复述整章内容。

二、在结束了某个阶段的学习之后，比如学期、学年完结之际，拿出一张新的 A4 纸，对知识进行框架性、结构性的梳理。要做到根据这个“搜索页”能够迅速找到对应章节的完整知识点和内容。随着学习时间跨度拉长，这样的过程可以有间隔性地不断重复，就像在脑海中形成了可以层层打开的文件夹。

灵活的 A4 纸方便我们对知识进行排列整理，而这个过程就是反复**“给自己出题”的过程。**

教就是最好的学，我们常常会听到一个说法：如果你能把某个知识教给别人，就说明你已经牢牢掌握了它。

大部分的时候，我们没办法教别人，但我们可以教自己。在

“A4 学习法”中，第一步的默写就是要不断问自己：“这章还有哪些内容？还有什么知识点我没有写下来？”而第二步整理框架则是更难的步骤——教会自己一套知识的完整逻辑架构。

在梳理完内容之后，我还会根据 A4 纸的内容将其复述给同学听，在教他们的过程中学习。同时在教的过程中，别人会提出问题，他们的问题通常不会按照教材的顺序来。我回答时就需要主动去检索内容，在已有的知识库里抽调有用的内容，组织语言，想清楚如何讲理论、如何举例子，还要保证对方能听懂，这是对自己提出的更高的要求。

之前在学经济学的时候，我会在每一张空白的 A4 纸上梳理每一节的关键知识点。然后用另一张纸梳理一整章的知识点，最后我可以通过这个方法把整本书倒着讲出来。

A4 学习法

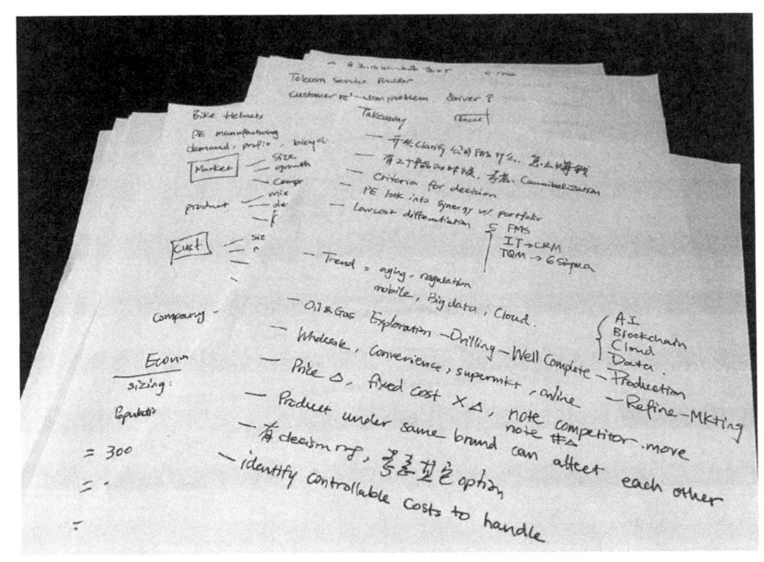
Telecom Service Provider
Takeaway
Bike Helmets
PE manufacturing
Market
size
growth
product
Cost
Criteria for decision
PE look into Synergy w/ portfolio
Lowcost differentiation
FMS
IT→CRM
TQM → 6 Sigma
Trend = aging, regulation
mobile, Big data, Cloud.
Company
Oil & Gas Exploration – Drilling – Well Complete – Production
– Refine – MKting
AI
Blockchain
Cloud
Data.
Econ
sizing:
– Wholesale, Convenience, supermkt, online
– Price Δ, fixed cost X Δ, note competitor move
– Product under same brand can affect each other
= 300
– identify controllable costs to handle

小节提炼

01

学习的内容分两种：一个是已知，我们如何将所学的知识内化并长期记忆；另一个是未知，如何高效吸纳新的知识并在遇到未知问题时灵活运用。

02

沉湎于简单的事情很难进步，只有当你发现学习很困难时才是在进步。

03

真正的勤奋，不是花大量的时间去做最简单的事，而是去做最重要的事。

04

要想巩固学到的知识，一定得刺激自己的大脑，给自己出题，随机挑战自己的惰性。因为大脑被迫工作时，才会记得更牢。不花力气的学习，就像在沙子上写字，一阵浪袭来就什么痕迹都没有了。

05

真正行之有效的学习方法，绝不是简单地重复、盲目地刻苦和没有章法地练习。练习不是不断地重复，真正正确的练习，要有好的导师，有目标，有反馈。

06

反复出题会让大脑里的信息结合更紧密，增加并强化头脑中检索知识的神经回路，通过不断回忆，把知识和技能嵌入脑中，形成条件反射，把学过的内容真正存储下来。

07

有间隔的练习会让我们在开始出现遗忘时，再次主动去检索所学的东西，这样大脑会被迫花更多的力气，帮助我们进一步强化记忆。

08

聪明人看起来聪明，就是因为善于总结。每个人总结自身得出的内容，就是自己的心智模型。

09

将新知识萃取成自己的心智模型需要两个步骤，第一步是构建知识架构，第二步是探索一般规律。而它们分别需要两种能力来支撑，一个是构建能力，一个是归纳能力。

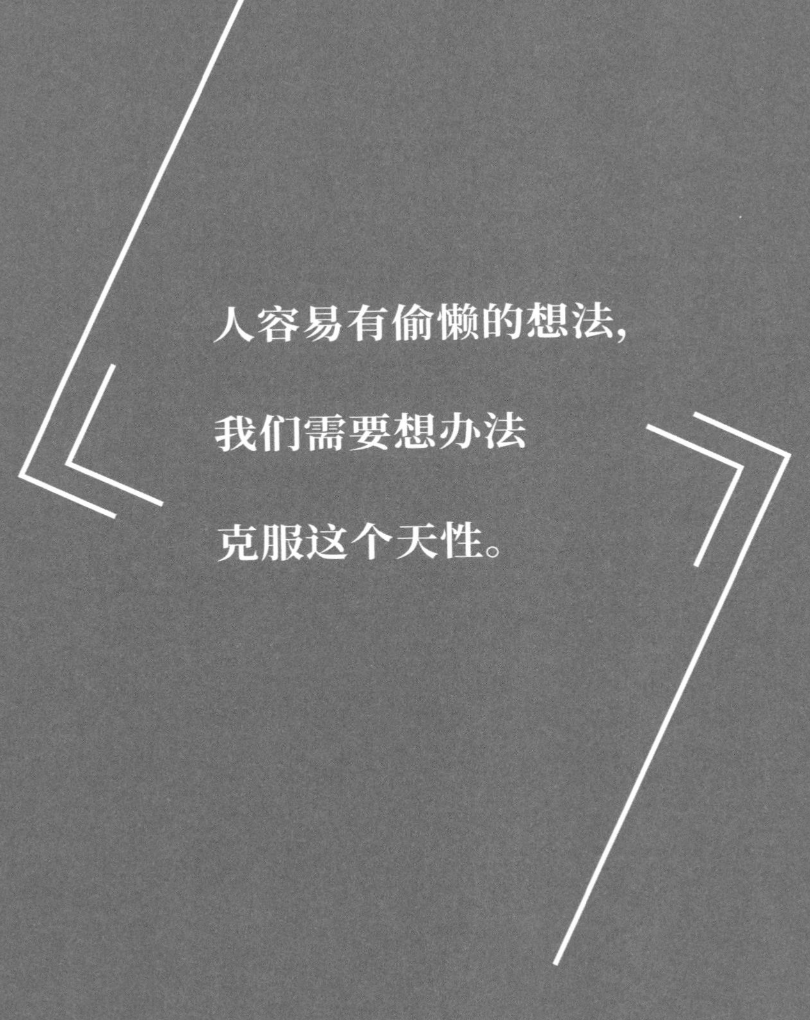

人容易有偷懒的想法，

我们需要想办法

克服这个天性。

选择不谈论自己永远不会出错，多听少说才是大智慧。

Full expression

第 3 节

充分表达

前面一直在讲如何让一个人变得优秀、保持优秀，那么当他有了上升的动力、决心，掌握了高效学习的方法，真正变得“优秀”之后，如何精准地把自己的优秀表达出来呢？

众所周知，学生阶段只要成绩好，就会被称赞优秀、前途无量；但进入大学阶段，评价体系发生变化，一个人可能要参加学生会、社团、实习，甚至创业，拿出亮眼的实际成果，才能被人称道一句优秀。而这个过程中，还少不了充分表达。要学会将自己身上的优势、亮点提炼出来，整理成个人能力地图，在合适的场景、合适的情况下展现自我。

我觉得表达可以分为两种，一种是主动表达，一种是被动表达。

前者像参加比赛、竞选、演讲、活动等，需要我们站在台上充分展示个人魅力，主动吸引别人的目光和赞赏。这部分我将在后文的“如何获得社交杠杆”章节中展开详述。

后者则像被提问、被面试等。就算拥有出色

的专业能力，也需要做好充分的准备，才能以不变应万变。

接下来我会分别介绍如何在不同场景下充分表达。

主动表达：说话八板斧

主动表达有多重要？生活中我们往往需要在合适的时间节点抓住表达自我的机会，充分发挥，让别人看到自己的优势。我的同事朱悦安，工作经历很丰富，但她起初不太会推销自己，所以大家没感受到她的优秀，我也为她感到着急。后来有一次，大家在公司里讨论古诗词，她是古汉语文学专业毕业的，于是她发挥自己的优势，旁征博引、深入浅出，瞬间惊艳了大家。

不得不说，这是一个需要展示自己的时代。

富兰克林说过，说话和事业的进展有很大的关系，是一个人力量的主要体现。对每个有上进心的人而言，好好说话是一件需要学习和精进的事情。

一个条理清晰、懂得表达的人，能让沟通更高效，也能更快地被认同、接纳、信任，同样也能比别人获得更多的机会。

我总结了主动表达时需要注意的八个关键点，帮你做到心中有数、有的放矢。

“凡事说三点”

每个接受过商学院训练的人最需要掌握的就是如何做到表达时逻辑清晰且言简意赅，因此我们相对习惯在交谈前就总结好自己的观点。我经常被调侃“凡事要说三点”，事实上，这是一个值得学习的习惯，我经常把“我要讲的有三点”放在最前面，这样便于我们提前梳理好观点。一个逻辑不清晰的人，经常叙述不清自己的想法，讲了半天，别人也没听明白他到底要讲什么，导致沟通效率低下，也会给人留下不好的印象。

同时，我会尽量做到**结论先行**。结论先行能有效避免听众失去注意力。结论是对观点的总结，说完结论再逐一叙述观点，用观点佐证自己的分析和判断，可以让听众带着结论去听观点。

如果想表达得逻辑清晰，除了“凡事说三点”外，还应善用连词。中文里，连词就是连接词与词、词组与词组或句子与句子，表示某种逻辑关系的虚词。

善用连词

连词可以表并列、承接、转折、因果、选择、假设、比较、让步等关系，我们常用的连词句式很多，“不但……而且……”“因为……所以……”“既然……就……”等，表述中多用连词，一方面看起来条理清晰，另一方面可以把重点限制在一定范围内。大家都开过会，估计都有听到“总之”“基于上述内容”之后精神一振的感受，因为这意味着重点来了，会议也要结束了。

不要总是重复

我们容易陷入一个误区，认为重要的内容，一定要反复强调。我们总是认为重复可以帮助别人牢牢地记住我们想说的内容，但实际上，这样做记得最牢的可能是我们自己。这样就会陷入一个旋涡：我们希望强调所以重复，别人因为我们在重复所以不认真聆听。

对于新知识的学习，我们需要反复地记忆，但是对于已经掌握的信息，重复地强调反而容易让人形成一种“我已经知道了”

的错觉，最后适得其反。如果一定要强调重要的内容，可以从不同的角度讲这件事，而不是一味重复。

演讲六部曲

演讲是表达的艺术，也是现代人重要的社交能力。

曾担任美国三届国务卿，极擅长演讲的丹尼尔·韦伯斯特说过，如果有一天神秘莫测的天意把我的全部天赋和能力夺走，而只给我选择保留其中一样的机会，我将会毫不犹豫地要求将口才留下，如此一来我将能够快速恢复其他。不难看出，演讲和口才对一个人的事业有多大影响。

读书时竞选班干部需要演讲，工作后的展示会需要演讲，不仅仅是演讲比赛或年终分享，我们需要演讲的情况远比想象中多。

我有过多次当众演讲的经历，次数多了，也有了一些小小的心得。当我们站上演讲台时，台下的每个人都是接下来要被我们打动的对象。打动的人越多，说明演讲越成功。下面我以自己在开言 Talk 上的英语演讲和央视网 Young 视频的演讲为例，讲一下如何充分准备一次高质量的演讲。

每次演讲前，我都会认真做好六件事。

第一件，确定演讲主题。

作为英语演讲比赛的特邀嘉宾，那次演讲的大主题是语言，也就是英语，小主题是选择，我讲了三次和英语相关又对人生产生重要影响的选择。这样分享的内容既符合主题，又极具感染力。

第二件，梳理通篇的逻辑结构。

我选择了递进关系。第一个选择是留在国内还是出国留学。家里人重视国际教育，英语帮我取得好成绩，申请了全美排名前20的大学。流畅的口语交流，让我能跟来自全世界的人交流，从而看到了更广阔的天地。第二个选择是留在美国工作还是去清华读书，这是在深入了解了国内的情况后，利用英语向其他国家的人介绍我们的文化、历史。第三个选择关于未来的职业方向，就是作为日益全球化时代的年轻人，希望让世界听到我们的声音。整个演讲由浅入深、循序渐进，会给人一种层次分明、结构清晰的感受。

第三件，以讲故事为主。

美国前总统林肯在谈及演说时有个观点，他认为演说就是讲故事，就是通过吸引人的故事来说明观点。

参加字节跳动旗下品牌开言英语活动，进行英文演讲并现场直播

我觉得讲故事也有技巧。首先，要懂得渲染情感，引发共鸣。我讲第二个选择的时候，提及了清华大学的历史。大家都知道清华大学成立于 1911 年，是清政府设立的留美预备学校，聚集了无数优秀的中国青年，在那里学习两年之后，这些学子会去往美国学习先进的科学和技术。100 年过去了，现在的清华苏世民书院吸引了全世界最优秀的青年来中国学习。因为我们已经逐渐走向了世界舞台的中央，有越来越多的人想了解中国。从送中国学子前往美国，到各国优秀青年来中国，观众听完这段历史，会有强烈的认同感。

其次，要想持续抓住观众的注意力，故事要有起伏。故事思维里强调一波三折，我们最熟悉的童话故事《小红帽》《灰姑娘》等也是如此，作者们都深谙此道。另外，我在讲每个故事的时候，除了总结一个对应的结论，还会加一个金句，给观众留下深刻的印象。

第四件，演讲内容有数据支撑。

数据能直观地说明问题，证明自己的观点。所以，选择有代表性的问题，给出数据的来源，简化烦琐的数据，同时将它们放置在合适的位置，是我们需要提前做好的重要工作。

第五件，准备演讲使用的 PPT。

对很多人来说，做一份言简意赅的 PPT 是个很大的挑战，因为很多人习惯在 PPT 上写满字，方便自己演讲的时候照本宣科。其实，这样做容易分散听众的注意力，他们会不自觉地读字，而忽略你在说什么。

我习惯在 PPT 上只写简单的提示语，比如，为央视网 Young 视频演讲稿做的 PPT 总共 5 页，每页只有逻辑图和最多不超过 15 个字的要点，主要是告知听众演讲的架构和逻辑，其他内容我会在演讲中分享。其实，脱稿演讲还有一个好处，别人不知道原稿的内容，就算演讲过程中有轻微调整也不会影响表达效果，如果是照着 PPT 生硬地讲述，一旦错了内容，现场会很尴尬。

第六件，想一个漂亮的结尾。

为什么宜家的客户满意度那么高？因为客户每次买完家具临走的时候，都可以花一块钱买一个好吃的冰淇淋。糖能让人分泌多巴胺，提升愉悦感，可能大家一边吃着美食一边就忘记了逛来逛去的疲惫和挑来拣去的烦琐。所以，我每次在公司开完会，无论这个会议开得如何，临走时都会说一句“今天的会议非常高效，也非常感谢大家”，让所有人都感到开心。

一件事的结尾很重要，因为大家的记忆多数停留在结尾部分。就像开讲座的时候，有人一口气提三个问题，但回答者都是从最后一个开始回答，不是因为最后一个问题最好，而是他只记得最后那个。因此，演讲也要重视结尾，一个漂亮的结尾绝对是重要的加分项。

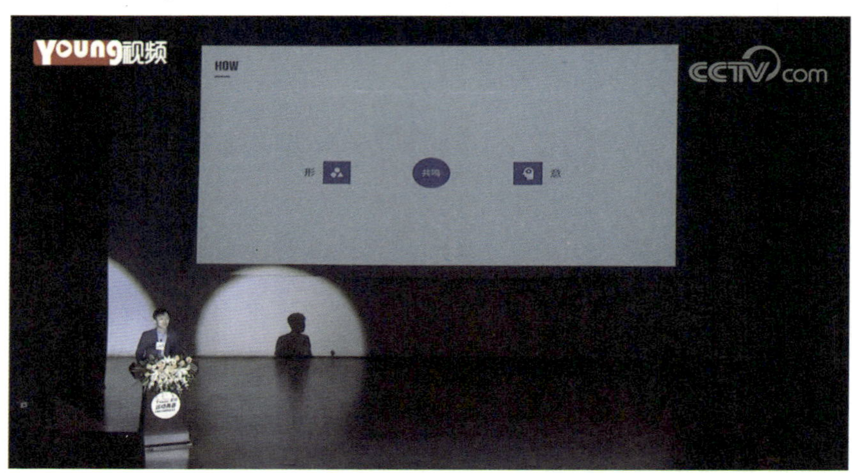
young视频
HOW
形
共鸣
意
CCTV.com

向上的力量
我与世界的对话
WHERE
向上的力量
我与世界的对话
向上的力量
我与世界的对话

演讲画面

交谈自恋

你知道自己会**交谈自恋**吗？估计大多数人都不曾注意过这一点。

有一次，一个同学考砸了，我安慰他别难过了，我考得比你还差，我以为这样说他会好受一点儿。

后来有朋友向我吐槽他工作很辛苦，我却对他讲大道理，说大家工作都很辛苦。

朋友兴冲冲地来跟我展示他买的新鞋，我说我也有一双差不多的……

我们总是不自觉地把注意力转移到自己身上，找到一点儿共性就开始诉说自己的经历，这就是交谈自恋。

你以为别人很在意你的故事，但事实上人在难受的时候，根本不想听你的感受。我们不妨把自己当成那个被安慰的人想一下，明明自己正在难过，可对方却谈起了自己。比起倾听对方，或许我们更希望对方安静地听一听自己发泄情绪。或者对方能问一句“发生了什么事”或“为什么会这么难受”。

大部分时候，人们需要的其实是聆听他的情绪，而不是来听我们的故事。**选择不谈论自己永远不会出错，多听少说才是大**

智慧。

没有真正的感同身受，安慰不是比惨，一定要谨记时刻倾听，避免交谈自恋。

学会提问

杨澜说，提问是一门手艺，它既是天赋的能力，也是可以习得的本领。她做了三十多年主持人，深知提问是认知与沟通的语言方法论。**每个人都需要掌握提问这个底层能力，因为一个好的问题，能在短时间内让对方打开“话匣子”，产生交流的欲望。**

但很多人误以为提问很简单，不用学习就能掌握，不就是多问几个“为什么”吗？养成提问的意识固然重要，只不过提问从来不是一句简单的“为什么”，其中也包含结构、方法和技巧。我们需要放平心态，习得提问这项能力，借此跟自己、跟他人、跟世界保持有效的沟通。

我们和优秀的人交流时，经常会出现向他们求教的情况。如果只有求知的想法，没有打动对方“教学欲望”的实力，其实很难产生有效的沟通。而一个懂得如何提问的人，通常拥有强大的沟通能力，他能获得别人的倾囊相授，也能从对方的回答中收获大量的信息，得到意想不到的成长。

那么，我们应该如何提问呢？

（1）贯穿谈话的提问要有主线，同时注意语言明晰、思路清晰，知道问题与问题之间有怎样的联系。比如，一开始的提问是引发兴趣，为后面的交谈做好铺垫。

（2）**要想确认信息，一定要问是非题。想要引发讨论，就一定要抛出开放式的问题。**

这些是提问的常识，但很多人会犯常识性的错误，明明想得到更多信息，一开口就终止了话题。我们做咨询的时候会找专家访谈，这种访谈就是不断地提问，听专家解答，再提问，专家再给出解答。有时候我提问前的预期是专家能告诉我做成某件事的关键要素，最好能列出三个要点，我直接写到方案里。但如果提问的方法不正确，对方的回答可能会浅显或者敷衍，浪费了访谈的机会。

（3）问题越聚焦，越有深聊的可能性。

要做到这点，往往需要提前准备，多阅读相关内容，有一些相关知识的储备，并能在交谈中产生新的提问。

以退为进

经常看辩论节目的人应该会有一个直观的感受，就是辩手们在反驳对方观点之前，经常先肯定一番对方的观点，然后再提出自己的看法。这样做的好处不仅是展现出尊重，同时，这样的认可会在两个人之间创造出一个**共同基础（common ground）**，也是求同存异的一种方法，这样以退为进的方式有助于后续更好地提出自己的观点。

道歉吧！

大家应该都有聊着聊着突然就不愉快了的经历吧，如果放任不管，谈话肯定要提前结束，两个人的关系也要降至冰点。要想谈话继续，就必须有人道歉。

我觉得道歉不是一件羞耻的事，真诚的道歉是帮助双方达成和解的强力纽带。对于要不要道歉，其实可以把以终为始作为思考方向，道歉也能以结果为导向。

比如，两个人吵架了，必须有一个人低头，这段关系才有缓和的余地。如果以后还想和对方做朋友，就先道歉。不过，也有人既想继续做朋友，又不愿意先低头，搞得自己心情低落。我觉得这种逞强和坚持没有意义，已经知道冷战不能解决问题的话，不如退让一步，皆大欢喜。毕竟，**人活着最重要的是开心。**

被动表达：STAR 模型精准应对

被动表达中，无论是升学还是求职，面试是大多数同学都不得不面对的场景，因此熟练掌握被动表达技巧对很多人来说更加重要。

我在工作后，发现很多同学明明学习能力、逻辑能力都很强，却在求职时屡屡碰壁。因为他们无法让面试官在面试中感受到他们的“优秀”。

主要原因有两个：

第一，没有提前充分总结个人的能力特点。我们要有以终为始的意识，提前了解清楚对方对该职位能力模型的预期。了解对方期待的人物画像之后，有针对性地展示自己的能力。

第二，没有采用合适的表达方式。我曾经帮很多同学改过简历，很多毫无吸引力的简历只是在简单罗列自己做过的事情，却没有表达清楚自己做这件事情的过程、结果和影响。

因此，讲好自己的故事是一个非常重要的能力。我在商学院上的第一课就是学会使用“STAR 模型”精准表达：

situation（背景）—— 故事发生的背景是什么？

task（任务）—— 我要完成什么样的任务？

action（行动）—— 为了完成任务我做了什么？

result（结果）—— 取得了什么样的结果？如果可以的话，尽量将结果数据化。

我曾经面试过一位销售，他给我留下了很深的印象。我问他在前一份工作中遇到的最具挑战性的事情是什么，是如何解决的？

他告诉我：

接手上一份工作时，团队销售业绩已经呈下滑态势（S）。

他在对比各区域的数据之后，将重点放在了销售额下滑最严重的几个区（T）。

通过走访老客户的方式了解成交量下降的原因，进而改变销售策略；同时开辟了新的业务线，不断扩展新客户（A）。

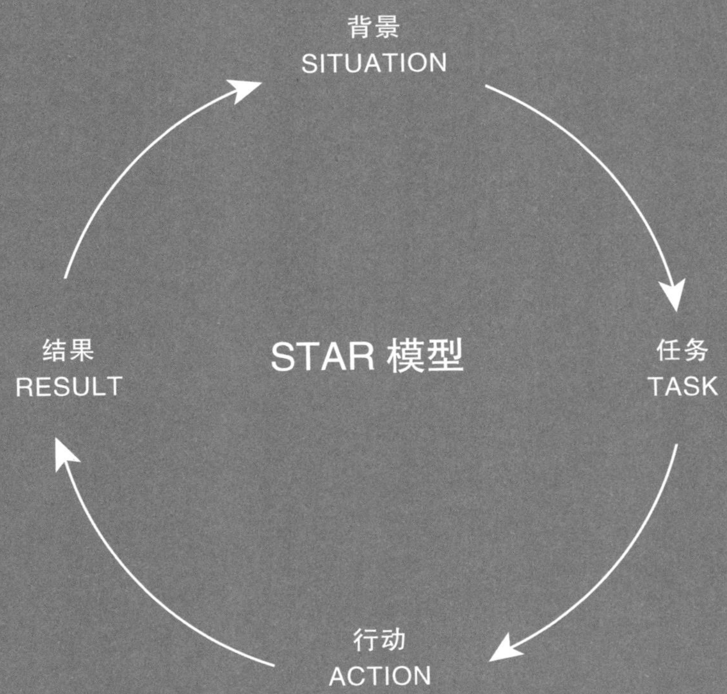
背景
SITUATION
任务
TASK
行动
ACTION
结果
RESULT
STAR 模型

最终达成了年度销售额上涨 10% 的成绩（R）。

这是一个标准的“STAR 表达”，不仅让我对他的销售能力有所了解，更展示了他卓越的解决问题的能力。

能力地图：模块化思维梳理思路

面对不同的提问，我们需要套用自己不同的故事和经历来佐证观点，因此掌握**模块化思维很重要。**

就像写作文一样，讲述时要善于使用大量的案例，因此我通常会提前准备好至少三个案例，无论遇到什么话题都可以灵活套用。为了更方便地准备好自己的案例，我通常会制作一份**个人能力地图**，帮助提取个人能力关键词。

个人能力地图通过图表把每个阶段做过的事情打包成一个个模块，每个模块包括做了什么、取得了怎样的成绩以及别人的评价如何。采取的行动一定要具体，取得的成绩一定要量化，别人的评价一定要真实。

	大一	大二	大三
学习能力	作为数学专业的学生，我能够在短时间内学习掌握多种量化分析方法。上学期期末考试结束后的两周内，我快速复习通过了精算师考试。虽然考试的内容对我来说完全陌生，但我在两周内快速掌握了考试的重点概念和解题方法。	在上个暑期实习刚开始时，我对精算师的工作十分陌生，但是在与团队工作时主动提问和交流，我快速学会了如何洞察客户需求、处理和分析精算数据并且提出合理解决方案。	在暑期实习中，我在短时间内学会了分析大量的注册和理赔数据并且帮助平均员工数量超过1万人的大型企业优化其员工健康福利成本。我在帮助客户理解其员工健康计划选择和理赔规律的同时设计网络分布策略优化方案。
领导能力	X	创立了一份双语报刊，在半年内将编辑部成员快速拓展到40多人并且保证报刊每月准时出版。在过去一年内，有超过2500人阅读过我们的报纸。作为文化周的主办方之一，我负责协调报社与当地的媒体一起宣传文化周的系列活动，获得了合作方的一致认可。	在担任媒体委员会主席期间，我管理着15家社团。通过举办全校级别的“媒体周”活动，我帮助成员社团触达超过6000名学生。同时我通过联系校图书馆永久存档学生出版物的方式大幅提升各社团成员出版贡献度。
多任务处理能力	X	我在一家财富管理公司实习时，同时承担了多项任务。作为资深投资顾问的助理，我完成了超过150个陌生拜访电话，同时研究分析了市面上主流的互惠基金，并撰写了详细的分析报告，得到主管的积极评价并且获得留任录取。	我在AIG做精算分析师实习时，同时承担了多个业务线的任务。我不仅承担着财产险预备金测算的工作，同时帮助寿险部门进行定价分析。与此同时，我还复习通过了第二门精算考试。实习结束后，我的主管高度认可我的分析能力，并且邀请我签署全职合同。

面试时，我们一般会遇到两种问题。一种是专业问题，与申请的岗位直接相关；另一种是个人经历和能力问题。制作好的能力地图，**横向的时间和纵向的能力维度可以排列组合出多个故事模块，它们基本上可以帮助我们应对面试官80%有关个人经历和能力的问题。**

那么如何制作个人能力地图？

第一步，反复思考检索过往经历，回忆自己当时做了什么，具体工作方法是什么，产生了哪些影响，不同人的评价如何，其中展现出的主要能力是什么，以此做一个盘点。

第二步，提取个人能力关键词，**扫描过去不同阶段的经历中所展现的共同能力特征，总结提炼关键词。**这样可以把不同时期的经历自然地串联，展现自己的独特性，让人眼前一亮。

比如，我初中时参加生物实验竞赛，研究日化用品对蝌蚪发育的影响，获得了省级奖项；高中发起一个保护长江的活动；后来，进入大学又主导了防止土地沙漠化的项目……我将这些经历串联起来，总结出我对环保的关注和持续投入。因此，“环保”就成了我经历中的一个关键词。

第三步，以画九宫格的方式，切分独立事件。横着是时间，竖着是能力关键词。

以我为例，时间阶段上可以分为大学时期、实习期间、职业

求职信对比

Zihao Zhang

Schwarzman College, Tsinghua University, Beijing, China 100084 zihao.zhang@sc.tsinghua.edu.cn

Sep 19, 2018

Dear recruiter:

I am writing this letter as a candidate with a conscientious attention to detail and excellent business ethics for the analyst position. My experience with working in health and benefits consulting and leading multiple organizations at Emory demonstrates that I am a self-starter with strong analytical, leadership, multitasking and teamwork skills. The following characteristics make me a strong candidate for this position:

Analytics: As an actuarial consultant specialized in health and benefits practice at Towers Watson, I analyzed the cost and efficiency of health plans offered by large employers by comparing their plan provisions to the industry average. For each client with more than 100,000 employees, I analyzed a large amount of enrollment and claims data to understand the pattern and project the shift of health plan selections. I also tested the quality of the network provided by different vendors to optimize client's network strategy. My consulting experience helped develop my analytical skills.

Leadership: As the President of Emory Media Council, a university-wide governing body of 15 media organizations, I proposed creating an "Emory Media Community" to host campus-wide marketing campaign for all member organizations. I also took the lead to permanently archive all student publications into the library. Both initiatives kept each individual organization tied to the Media Council and each editor to their organization. My leadership through the Media Council reveals my preparedness for managing future projects.

Multitasking: During the summer of 2015, I completed an actuarial internship with AIG in Atlanta and handled a wide variety of tasks. I worked in the reserving side of property and casualty division. While doing a reserve study for all workers' compensation divisions, I also refined a VBA model to pull data from external data base automatically into an Excel workbook. At the same time, I also studied and passed my second actuarial exam. My internship experience demonstrates my ability to handle multiple tasks at the same time.

Teamwork: When I interned with AIG, I worked closely with several senior actuaries in my team. Despite of the age difference among us, I communicated and worked with them successfully. I initially had little understanding of how actuarial projects work and limited knowledge of loss reserving and actuarial models. However, during the collaboration with my teammates, I learned how to identify problems and needs, sort data and methods, and formulate valid solutions. By working with my colleagues, I realized the importance of asking questions, respecting others' time and motivating each other. My experience of working in a team proves my exceptional ability to collaborate with co-workers.

My business education background and consulting experience have given me a solid foundation for handling the work responsibility. I am eager to contribute my enthusiasm and skills to Blackstone. Please contact me if you have any questions. I am very interested in meeting to review your needs and possible solutions I could bring to the table.

Thank you.

Sincerely,

Zihao Zhang

Zihao Zhang

855 Emory Point Drive | Atlanta, zzhan82@emory.edu

Feb 20, 2016

Citi

Dear recruiter:

I am writing this letter as a candidate with a conscientious attention to detail and excellent business ethics for the Analyst position. My experience with creating a newspaper and my past three internships demonstrate that I am a self-starter with strong analytical, quantitative and learning skills. The following characteristics that the internship program requires makes me a strong candidate for this position:

Quantitative Skills: In addition to my mathematics background, I am able to understand quantitative concepts in a very short period of time. I completed my SOA Probability exam two weeks after my final exams last semester. The content of the actuarial exams is completely new to me and I only spent two weeks on learning the exam materials and practicing exercise problems. In addition, I have taken courses such as Statistics, Derivatives, Corporate Finance and Investment, which prepare me well for future quantitative analysis. My actuarial exam experience also developed my quantitative skills.

Multitasking: During the summer of 2015, I completed an actuarial internship with AIG in Atlanta and handled a wide variety of tasks. I worked in the reserving side of property and casualty division. While doing a reserve study for all workers' compensation divisions, I also refined a VBA model to pull data from external data base automatically into an Excel workbook. At the same time, I also studied and passed my second actuarial exam. My internship experience demonstrates my ability to handle multiple tasks at the same time.

Teamwork: When I interned with AIG during the past summer, I worked closely with several senior actuaries in my team. Despite of the age difference among us, I communicated and worked with them successfully. I initially had little understanding of how actuarial projects work and limited knowledge of loss reserving and actuarial models. However, during the collaboration with my teammates, I learned how to identify problems and needs, sort data and methods, and formulate valid solutions. By working with my colleagues, I realized the importance of asking questions, respecting others' time and motivating each other. My experience of working in a team proves my exceptional ability to collaborate with co-workers.

Leadership: As the President of Sino-Emory Newsletter, I expanded our editorial board to 45 members and published the newsletter monthly. Since last year, over 2500 people have read our newsletter. I held an annual Chinese Culture Week with Emory Student Government Association and College Council. I am in charge of publicizing all events during the week and connecting with local medias. My leadership through the newspaper club reveals my preparedness for managing future projects.

My three years of college have given me a solid foundation for handling the work responsibility. I am eager to contribute my enthusiasm and skills to Citi. Please contact me if you have any questions. I am very interested in meeting to review your needs and possible solutions I could bring to the table.

Thank you.

Sincerely,

Zihao Zhang

初期等。当然，也可以有其他时间上的划分，主要看个人需求。主题主要是不同的能力，比如，团队协作能力、分析能力、多线程工作能力、领导能力、表达能力、应对困境的能力等。

随着个人经历的增加，每个人的求职信应该随着经历的更新而动态变化。例如在我没有实习经历时，如果想要展现我的分析能力，我会描述自己如何出色完成某一节课上的小组作业；当有实习经历后，我就会更新成如何在实习经历中突出表现。

刚毕业的大学生，在面试时有时候会因为社会经历或者工作经历不足而露怯，这个时候其实完全可以用学校里的经历来侧面体现自己的能力特点。例如很多学生有社团管理的经验，那么在总结社团经历时，可以提及曾拉过多少赞助，管理过多少预算，管理过多少人的团队，进一步总结自己在工作中如何节省成本、提升工作效率等，这样也可以体现个人能力。

这里分别附上我在读本科和读研究生时写的两封求职信，可以看到其中的动态变化。

每一段经历都有其独特的价值，我们往往可以以小见大，以个人能力关键词为切入点，讲述每一段经历所展现的闪光点。

每个能力都匹配一个故事

当我们梳理完个人能力地图之后，如何用自己的故事展现个人能力则是重中之重。这个时候需要灵活调用前面的故事模块来应对面试官的提问。

我相信大家在面试的时候都被问到过一个经典问题：你在过往的经历中曾经遇到过哪些困难和挑战?

在没参加工作前，我为这个问题准备的故事是，出国后发现英语口语不够好之后如何克服的故事，以展现自己克服困难的能力，在这个故事中我熟练运用了 STAR 模型。

我曾经参加学校里一个商业社团的活动，当时在一个几百人的宴会厅里，面对着黑压压的人群，看着大家穿梭其中，相互交流，我却没有能力开口和任何一个人开启一段对话。

我意识到虽然平常上课我可以听懂教授讲述的内容，但是日常交流仍然很痛苦，我不知道如何向同伴表达自己，也无法融入他们的社交圈。我站在人群之外，觉得自己因为语言被孤立了。我当时感到特别沮丧，在中途便转身离开了宴会厅。

从那天起，我决定非常努力地练习英语，提升自己的表达能力。

我每天练习听写，然后在睡觉前听《美国科学 60 秒》播客；

我选修了尽可能多的人文课程，因为哲学课教授可能讲着世界上最困难的英语；我逼着自己坐在第一排，并且每节课问老师一个问题……

除此之外，我还加入了一些以英语为母语的人领导的组织，创办了亚特兰大第一份双语学生报纸。通过办这份报纸，我需要和学校里各个机构沟通，还要和当地的社群谈合作……

这些过程都充分锻炼了我的沟通能力，也极大地提高了我的英语水平，因此我被选为大学媒体委员会第一任华人主席，并有机会与美国前总统吉米·卡特先生见面，很荣幸和他进行了一番谈话。

如今，我再也没有语言问题，相反它就像是一块基石，帮助我一步步打开视野，看到了更广阔的天地。

当然，我们不会一开始就能讲好每一个故事。我仍然记得，当我第一次去麦肯锡面试时，我向面试官讲到自己在丽江古城发展和改革局挂职副局长的故事，面试官立刻被这段经历吸引，围绕这段经历问了我很多问题。我原本很自信，因为对于这段经历我已经准备好了成熟的表达方式，比如我帮助科员检查十三五规划报告、协调辖区物价问题、如何做扶贫工作，包括这段经历展现了我什么样的能力等。

结果对方问了我一个完全意料之外的问题："你年纪这么小，当副局长的时候，下面的人不听你的怎么办？"说实话，当时我被问住了，我从未想过会被问到这样的问题。面试结束之后，我反复思考，如何能够把这个问题答得好一点儿……

我们的故事是动态的，讲故事的能力也在不停地迭代，我们需要不停地讲给别人听，获得别人的反馈之后不断改进。

小节提炼

01

一个条理清晰、懂得表达的人，能让沟通更高效，也能更快地被认同、接纳、信任，同样也能比别人获得更多的机会。

02

个人能力地图通过图表把每个阶段做过的事情，打包成一个个模块，每个模块包括做了什么、取得了怎样的成绩以及别人的评价如何。

03

横向的时间和纵向的能力维度可以排列组合出多个故事模块，它们基本上可以帮助我们应对面试官 80% 有关个人经历和能力的问题。

04

每一段经历都有其独特的价值，我们往往可以以小见大，扫描过去不同阶段的经历中所展现的共同能力特征，总结提炼关键词。以个人能力关键词为切入点，讲述每一段经历所展现的闪光点。

05

我们的故事是动态的，讲故事的能力也在不断迭代，我们需要不停地讲给别人听，获得别人的反馈之后不断改进。

只有一种投资是没有风险的，就是对自己投资。

如果你认真读完了第一部分的内容并能够将其内化，付诸实践，那么你已经拿到了进入下一轮竞技场的入场券。在这里，优秀的人如同过江之鲫，如何才能成为脱颖而出的那一个？我摸索出的答案是——差异性。

差异性意味着不可替代性，也就等同于你在这场竞技中的议价能力。我们需要承认的是，人的精力是有限的，如何在最小能耗的情况下创造最大价值，实现从优秀到杰出呢？必须学会使用人生中各种杠杆工具，只有如此才能获得成倍的收益。下面，我将从时间、社交、跨界这三个曾为我创造了极大优势的实践工具，具体阐述如何借助杠杆，用一个支点撬起整个地球。

2 PART 杠杆

撬动人生的杠杆

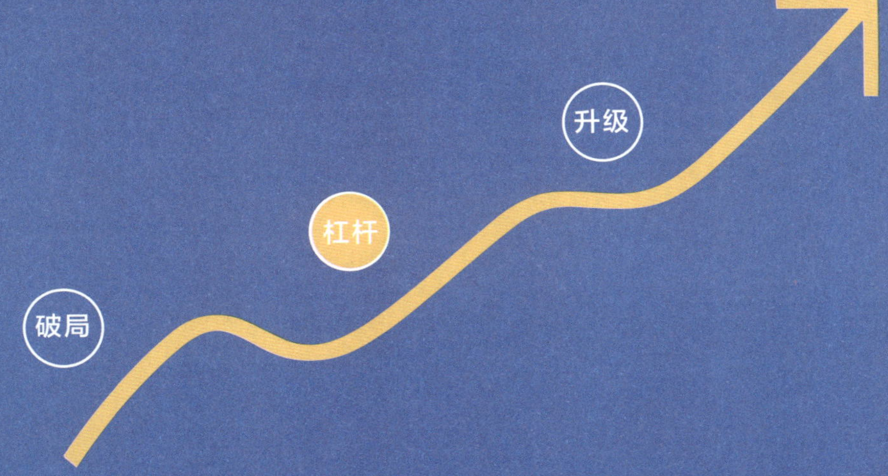

时间是一个人拥有的最稀缺资源，因为稀缺，所以需要高效利用和分配。

Time lever

第4节

时间杠杆

什么是时间管理？

时间是一个人拥有的最稀缺资源，因为稀缺，所以需要高效利用和分配。时间管理是指通过事先规划和运用方法与工具实现对时间的灵活以及高效运用，从而实现个人或组织的既定目标。

列出计划

时间管理的方法很多，但是做好很难，尤其是拖延症患者。除了选择合适的时间管理工具之外，还得清晰掌握使用工具的办法。

制订计划是最简单的一步。

很多人都有学习计划、健身计划、读书计划等，做计划的步骤很简单：首先，规定出一个时间段，最好不要低于一周，列出所有的任务，并估计完成任务所需要的时间；其次，为任务确定优先级，列出每日需要完成的任务量，并严格执行。

美国著名管理学家科维提出的时间“四象限”法是目前最常被提到的工具，他把工作按照重要和紧急两个不同的维度进行了划分，可以分为四个“象限”：紧急且重要，重要但不紧急，紧急但不重要，既不紧急也不重要。然后根据这个标准安排工作、生活中的事项，把有限的时间、精力做出高效合理的分配。这个方法容易上手，参照第 160 页的图即可一目了然。

防止干扰

执行计划时最大的阻碍是来自外部的干扰。

换句话说，就是注意力不集中。每次要做什么事情之前，总要浪费一些时间在无关紧要的事情上——去洗手间、冲咖啡、玩 10 分钟游戏奖励自己等。你以为自己只玩了 10 分钟手机，其实你已经玩了不止 15 分钟，因为大脑在不同任务间切换是需要额外时间来适应的，放下手机之后你可能还要再花 5 分钟时间来集中注意力，重新回到学习或工作状态。

时间管理四象限

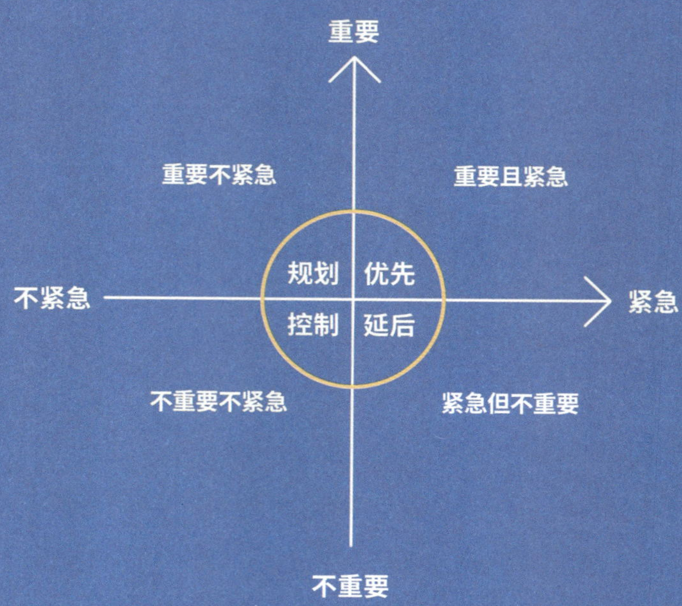
重要
重要不紧急
重要且紧急
规划
优先
不紧急
紧急
控制
延后
不重要不紧急
紧急但不重要
不重要

我比较建议大家尝试使用**番茄工作法**，简单、易行、高效。选择一个待完成的任务，将番茄时间设定为25分钟，这是完成一个任务的时间段，在这段时间里强制自己不碰手机、不看其他的内容，专注于完成任务本身，集中全部精力利用好这25分钟。当番茄时钟响起，可以休息一会儿，再开启下一个番茄钟。这样能提高我们的注意力，减少中断，也能保质保量地完成小目标。

另一个阻碍你完成计划的是内生的拖延症。

很多人都觉得自己有拖延症。我们都知道要按时完成某件事才是对的，但真正开始执行的时候，常常陷入了拖延的旋涡，总是给自己找各种各样的理由，一边焦虑一边拖延。

要想克服无止境的拖延，可以采用发展心理学中的**奇迹提问法**，就是遇到不想做的事情时假设奇迹发生——我们的目标实现了。之后倒推整个过程，提问自己目标实现的第一步是什么，勇敢迈出第一步。很多时候，同样的一件事，向前看和向后看时，看到的东西并不相同。向前看时，你只看到了不想去完成的任务，所以会选择逃避，也就是拖延。而向后看时，由于假设任务已经完成，你会很理性地看到这一切应该怎么做才会发生。这时，你受到负面情绪的影响会小很多。

执行计划时我们常常也会遇到突发情况，中断计划的执行。

我们都讨厌面对意料之外的突发状况，尤其是手头还有正在做的事情，因为一个任务延后，往往之后的每个任务都会跟着延后。比如，我们在背单词的时候，室友突然发出一起打游戏的邀请；我们跑步的时候，突然有人打来电话；等等。那么，我们该如何应对执行任务时遇到的突发情况呢？

第一，直接拒绝。室友邀请你打游戏时，可以直接告诉对方自己正在做什么，说明自己完成任务后才有时间。

第二，自我隔离。我们可以在某个时间段内，选择切断与外界的联系，创造一个没有干扰的环境，等完成目标后，再处理其他事情，比如回信息、取快递等等。

管理别人的时间

很多时候，我们不善于主动向他人寻求帮助。但因为信息差或者个人能力的局限，别人有时能够更快、更高效地帮我们解决困难。这个时候主动向他人寻求帮助很有必要。

除此之外，我们在做某些事时，还往往会高估自己的能力和价值，觉得那件事只有自己能做，少了自己不行，其实只要尝试放手，就会发现这个世界没有我们一样运转。

因此，当我们开始承担组织的管理工作时，要**学会授权，学会将事情委托给可以将它办好的人**，我们就可以腾出更多时间，去做更重要的事情。在学生时代，很多同学可能还不怎么遇到授权别人的事，但提前锻炼自己授权的工作思维，能够帮助我们在工作之后管理团队。

我在大学的时候办报社，报社里有 50 个人，如果大家能够做到充分地分工合作，每个人都会很轻松。但有段时间我觉得自己一个人干了 48 个人的活儿，从内容、设计到宣传，每个环节都有我的影子，经常工作到凌晨三四点，整个人疲惫不堪。

我觉得这样下去不行，就决定把社团分成三个工作组，每个组承担一期报纸的出版工作，每一期都会有一个人承担总编的统筹协调工作，另外有人负责文字设计，有人负责排版设计，有人负责宣传出刊。学期末对每个组的出版内容进行评比。结果，我发现大家做得都挺好，没有人在过程中掉链子。

因此，我发现我要做的是把架构搭建得足够完善，把标准制定好，然后找到合适的人去负责每一个环节，接下来只需要充分相信他们能够做好。这样我可以腾挪出更多的时间去思考组织整体的发展和方向。

精力管理

精力是指一个人的精神和体力，它影响人的情绪和健康。我们经常跟朋友开玩笑，说感觉身体被掏空了，其实就是感觉疲劳、注意力下降、精力不济。**精力管理是时间管理的伙伴，只有精力充沛才能高效地完成学习和工作，**所以，做好精力管理也十分重要，它能确保我们长期处于高效能的状态。

（1）用好自己的生物钟

生物钟又叫生理钟，是生物体生命活动的内在节律性，我们的大脑很神奇，它知道自己精力好的时间段和精力不好的时间段。我们可以通过记录不同时间段的精力好坏，找到自己的生物钟，再有的放矢地安排不同的任务。

比如，我在晚上 10 点到 12 点可以高度集中注意力，因此适合做一些需要深度思考的任务。在高效的时间处理高难度的事情，才能更合理地安排工作。

（2）保证基本的运动量

在倡导全民健身的年代，应该不用过多强调健身的优势了吧。不过，拥有良好的运动习惯，不仅能够强身健体，也能让我们拥有充沛的精力。如果一个人长期不运动，很容易长胖发福，精力水平也会下降，休息效果变差，同时，也会导致效率越来越低。清华大学一直很重视体育，素来有“五道口体校”的美誉，操场上也随处可见“无体育，不清华”的口号，这也是因为只有身体健康、精力饱满，才能更好地投入学习和工作。

（3）适当调整饮食结构

营养不良会导致精力不济，要想获得好精力，也要注意均衡饮食、少食多餐，让自己的血糖尽量保持稳定。科学研究发现，当血糖浓度高时，会抑制食欲素的分泌，食欲素含量下降，人会犯困。如果摄入更多的蛋白质，让氨基酸刺激食欲素的分泌，就能保持清醒。

另外，中午刚吃过饭的时候，大家都会有“犯困”的感受，不妨适当休息，或者安排简单的任务。

什么是时间杠杆？

杠杆的神奇之处就在于，通过较小的力撬动较重的物，因此运用好时间杠杆关键在于两个要素：在正确的时间做重要的事情，产生的效果可能比在错误的时间做错误的事情好几十倍。

这个概念不是特例，它的缘起应该是帕累托定律。19 世纪末 20 世纪初，意大利经济学家帕累托认为，在任何一组东西中，最重要的只占其中一小部分，约 20%，其余 80% 尽管是多数，却是次要的，因此又称“二八定律”。

帕累托从大量具体的事实中发现：社会上 20% 的人占有 80% 的社会财富，即财富在人口中的分配是不平衡的。延伸到其他领域，不难发现，20% 的员工创造了公司 80% 的收益；20%

的头部产品占据了 80% 的销量。所以，**如果能在时间分配上利用好“时间杠杆”，也会得到意想不到的收获。**

打破生活中的“不可能三角”

经济学上有一个“不可能三角”理论，表达的核心意思是，多方博弈中没有完全的一致。因此，金融领域的“不可能三角”是指资本自由流动、稳定汇率、货币政策独立性，项目管理的“不可能三角”是质量、效率、成本。

而学习生活中也有一个困扰着大家的“不可能三角”，就是睡眠、社交、学习，三者不可兼得，人人深受其扰，简直像个魔咒。因为每个人的精力有限，想要学习、社交，就要缩减睡眠时间；想要社交、睡眠，势必学习成绩堪忧；而学习成绩优异、睡眠充足，又有可能变成别人眼里的“书呆子”。

那现实中是否有人打破这个魔咒呢？同时兼顾成绩好、睡眠时间充足，还是社交达人呢？

答案是：有。清华大学特等奖学金的候选人们，每一个都是超人一般的存在——GPA 年级第一、荣获国家荣誉、社会实践丰富、体育成绩优异，还发表多篇 SCI。

大学生的不可能三角

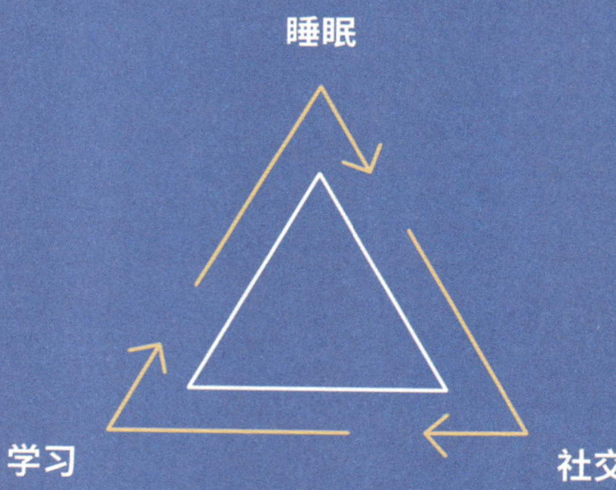

清华大学特等奖学金简称“清华特奖”，自1989年起设立，是学校授予在校学生的最高荣誉。其实它的评选要求不一定需要候选人是复合型人才，但清华有21个学院59个教学系，设有82个本科专业，每个专业都有第一名，竞争实在太激烈了，这就导致好成绩成了一个基础，体育成绩、科研成果、公益活动都成了加分项。

由于入围人选的履历都非常“硬核”，“清华特奖”评选过程也被戏称为一年一度的“神仙打架”。这群“神仙”到底多神呢？

以获奖学生代表、计算机系本科生张晨为例，她的成绩非常优异，推研学分绩排名全系第一，学分绩平均3.8，其中由计算机系和数学系开设的课程全部为4.0。

不仅如此，她还有时间和精力参加竞赛、做科研项目。几年来，带着团队在各种国际大赛上屡次获奖，成绩斐然。几项重要的研究成果也转化成论文发表在了顶级国际期刊 *IEEE TRANSACTIONS ON COMPUTERS* 上。除了学习与科研，张晨的课余生活同样精彩。体育方面，她积极参加各项体育竞赛，跳远、女篮、排球、马拉松……作为校跆拳道队的队员，在首都高校跆拳道锦标赛上摘得个人竞技亚军，并多次参加跆拳道表演。

这些获得“清华特奖”的人，用自身实力和经历告诉我们——

“不可能三角”是可以打破的。

那他们怎么做到的呢？**我觉得这就是时间杠杆的效用——最大化地利用时间。**

如果用一幅图来描述什么是时间杠杆，我们可以把所有项目看作一个个进度条。因为**关键的 20% 任务可能发挥超过 80% 的价值，当我们选择性地关注每个项目中最重要的 20% 的任务，然后高度浓缩自己的精力去执行，就可以获得 100% 的收益。**

二八法则

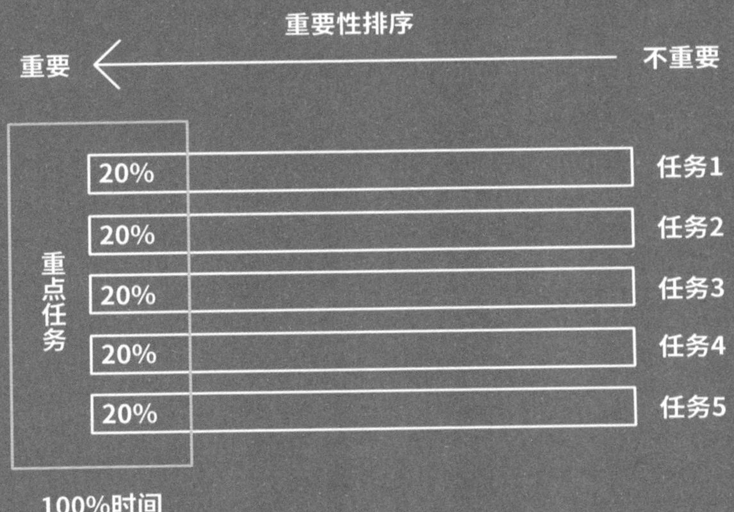

2020 年清华大学特等奖学金（本科生）候选人

计算机系 张晨

扎实学业固基础

推研学分绩排名计算机系第一（1/205）

平均学分绩 3.80，30 门课获得 A 或 A^+

计算机系、数学系课程成绩均为 4.0

综合优秀奖／国家奖学金

CCF（中国计算机学会）优秀大学生

立足竞赛投科研

SC19 国际大学生超算竞赛团体冠军

2018 年国际大学生程序设计竞赛亚洲区域赛（焦作站）团体第二名

论文在国际期刊 TC 网络发表

乐在体坛强体魄

首都高等学校跆拳道个人亚军

多次参与校内跆拳道表演

总计 4 门体育课成绩为 A

系内排球、踢毽、跳远冠军

不忘初心为他人

国庆群众游行标语车推行

计算机系后备辅导员

计 71 团支书、党课小组长

如何获得时间杠杆？

想要获得时间杠杆，就要**在重要的时候做重要的事情**。再次强调这两个关键要素：

第一，专注于重要的事情；

第二，在重要的时间点发力。

专注于重要的事情

坦白说，很多人都陶醉于做简单的事。比如，买书如山倒，看书如抽丝，看着书架上整齐排列的“知识”，感觉自己已经迈出了努力学习的第一步，然后点赞、收藏各种书单和学习方法，觉得自己距离好成绩又近了一步。

等到开始学习时，又各种流于形式，用五颜六色的笔整理出工工整整的笔记，做起来花时间和精力，但会得到一本漂亮的笔记，让人产生“我很努力，且得到了结果”的假象，实际上这些都是无用的形式，对于是不是真正掌握了要学的内容并没有清晰的认知。

或者进行从众的努力，大四开学不知道未来要做什么，看到身边同学都占座自习，于是也加入考研大军；秋招季开始，不断有同学收到入职通知书，又顾东盼西，亦步亦趋，开始做简历准备秋招；秋招海投公司，别人投什么你就跟着投。最后，很可能竹篮打水一场空。

还有一些想健身的人，办好了健身卡，买了新的健身装备，刚锻炼没几天，就觉得自己付出了足够多的努力，甚至把这一点点的努力当成放纵的借口，“今天跑了 2 公里，放纵一下吃火锅应该没问题”，结果体重不减反增。他们都把时间花在了简单的事情上，重要的事情一件都没有真正付出努力，结果可想而知。

这些都是**“假装努力”**。

我想到自己大三暑期实习的经历，当时有五个实习生，最后只能留一个，我是幸运的那个可以留下的人。

分析我拿到那份全职工作的关键原因，**一是做贡献价值的事情，二是让工作成果被看到。**

关于第一点，实习的那两个月里，其余的实习生常常来得很早走得很晚，甚至为了晚点儿下班把学校的作业带来公司做，我认为这样做的意义不大，早到晚走只能让保洁看到你很努力，真正决定去留的领导，更关注的是你有没有工作上的贡献。

我当时在日常工作之外花时间给公司设计了一个程序，大幅减少了大家工作中拉取数据的时间。我还在这个程序里，填写了我的联系方式，让领导知道，这是我做的，如果程序有问题可以及时联系我。那么如果实习期之后想要持续维护这个程序，我是最佳的人选。这样他们就清晰地知道我不仅有能力，更对公司有独特的价值。

第二点，让你的努力被看到。我们实习期间有两次展示会，中间一次，临近实习结束一次。全公司的人都会到现场或者通过在线视频来观看，这可能是我的实习期里仅有的两次和高级别领导的接触，由此可见这两次展示至关重要，所以我们都非常认真地做了准备。其他几位实习生不约而同地准备了长达四五十页的PPT，并且一页一页地复述自己做过的报表，试图让大家知道自己工作内容的繁重，现场的观众越听越不耐烦。然而我没有简单地罗列实习期间我的工作内容，而是高度概括并总结如何能够让我的工作更好地帮助公司发展，同时我积极地和现场同事互动，让他们习惯和我一起讨论工作的状态。相比之下，我的展示给大家留下了更深的印象。

最后，这个在办公室工作时间最短的实习生，成为唯一获得留任录取的人。我想这就是运用二八原则的好处。

从清华大学毕业之后，我进入贝恩咨询公司工作，在这样追求极致效率且具有成熟工作体系的行业里，很多好的原则都可以被制度化。当时我们公司也奉行二八原则，在贝恩它被称作“80/20”。咨询顾问的工作通常很忙，有时需要在两个月内完成一个特别大的项目，需要完成大量的 PPT 内容制作。做 PPT 是一件非常耗费时间的事情，然而咨询顾问需要花更多的时间去做专家访谈和市场调研，因此在 PPT 这件事上，我们只完成其中的 20%——输出内容，剩下的 80% 排版——让 PPT 达到精美的程度，就可以交给专业的 PPT 制作团队去做。

除了二八原则之外，“贝恩”还有两个高效工作原则帮助我们抓住事务的重点，大家或许也能从中窥见一二。

第一，“Answer First”，凡事一定要先有一个假设性答案，之后围绕这个假设去论证。在反复讨论之后，这个答案会变得更加完善，或者被推翻。如果被彻底推翻了，那就去找下一个更好的答案。这样的方式会帮助我们更加聚焦，防止浪费时间在没有意义的讨论上。

第二，“Result Driven”，以终为始，以结果为导向。做每一件事情的时候我们都需要明确目标，围绕着目标倒推工作步骤，绝不做无法帮助目标达成的事情。在贝恩，我们每个月会定期盘点无效的工作产出（yield loss），总结如何避免产出无效工作。

这几个重要的做事原则，都是可以运用到实际中的，能帮助我们节约时间、提高效率，在相同时间内比别人创造更多的价值，发挥时间杠杆的作用，进而撬动人生。

在重要的时间节点发力

孙惠良是一位清华博士，本科毕业于北京大学法学院，我常常开玩笑说他是我的人生导师，因为他常常给我醍醐灌顶般的思维冲击。他是考场上的常胜将军，但他告诉我他并不是每次考试都能考得好，那些模拟考试他就从来不会放在心上，这和我之前一贯的认知相悖，作为学生不应该认真对待每一场考试吗？而且老师也在不断提醒模拟考的重要性：“模拟考能考好，真正的考试就不用怕了。”孙惠良却解释道：模拟考再好也没有用，他只需要在真正考试的时候发力考好就行了。

我想了想，虽然他是个案，但也有些道理。我自己也吸取过这方面的教训。我中考前的三次模拟考都考得很好，但最后中考成绩不是很理想，和模拟考整整差了50分，虽然后来也通过了扬州中学国际班的自主招生，但总会懊悔如果中考能够考得更好，可能会有更好的选择。

这次惨痛的教训让我深刻地意识到，如果不能抓住重要的时间节点，平时再优秀也没有意义。学生时代无非几次重要的考验——中考、高考、研究生考试，虽然人生不因为某一次考试就一锤定音，但这三次成绩对未来都会有不可磨灭的影响。

一日之计在于晨，一年之计在于春。作为人类，我们的身体和头脑不会一整天都处于同样的水平线，而是一直在动态起伏，所以当你想做重要的事情，最佳时机是早晨；放到一年的时间维度上来看，春播夏种，秋收冬藏，万物依时令而运行。那么如果放到一生的时间维度上来看呢？**几个显而易见的重要时间节点就摆在那里，须知时机一旦错过就不能从头再来。**

小节提炼

01

时间是一个人拥有的最稀缺资源，因为稀缺，所以需要高效利用和分配。

02

时间管理：是指通过事先规划和运用方法与工具实现对时间的灵活以及高效运用，从而实现个人或组织的既定目标。

03

时间管理方法：

1. 列出计划
2. 解决执行时遇到的各种干扰
3. 学会求助和授权

04

“四象限”法是目前最常见的时间管理工具。

05

番茄工作法：选择一个待完成的任务，将番茄时间设定为25分钟，集中精力完成一个任务。当番茄时钟响起，可以休息一会儿，再开启下一个番茄钟。

06

奇迹提问法：遇到不想做的事情时假设奇迹发生——我们的目标实现了。由于假设任务已经完成，你会很理性地看到这一切应该怎么做才会发生。这时，你受到负面情绪的影响会小很多。

07

遇到突发情况怎么办？第一，直接拒绝；第二，自我隔离。

08

学会授权，学会将事情委托给可以将它办好的人。

09

精力管理是时间管理的伙伴，只有精力充沛才能高效地完成学习和工作。要做到：

（1）用好自己的生物钟

（2）保证基本的运动量

（3）适当调整饮食结构

10

在任何一组东西中，最重要的只占其中一小部分，约 20%，其余 80% 尽管是多数，却是次要的，因此又称“二八定律”。如果能在时间分配上利用好“时间杠杆”，也会得到意想不到的收获。

11

睡眠、社交、学习，三者不可兼得——这个“不可能三角”是可以打破的。

12

时间杠杆的效用——最大化地利用时间。

13

关键的 20% 任务可能发挥超过 80% 的价值，当我们选择性地关注每个项目中最重要的 20% 的任务，然后高度浓缩自己的精力去执行，就可以获得 100% 的收益。

14

想要获得时间杠杆，就要在重要的时候做重要的事情。再次强调这两个关键要素：第一，专注于重要的事情；第二，在重要的时间点发力。

15

贝恩工作法则：

80/20

Answer First

Result Driven

16

注意不要陷入“假装努力”的陷阱。

17

从一生的时间维度上来看，几个显而易见的重要时间节点就摆在那里，须知时机一旦错过就不能从头再来。

追求"有效社交"其实就是追求社交效率最大化。

Social leverage

第 5 节

社交杠杆

什么是社交?

我们离不开的社交

人活着似乎就离不开社交，不管是主动社交还是被动社交，总需要维持一定量的人际关系。生活中的家人朋友，读书时的同学老师，工作上的同事上司，还有各种社交平台里陌生又熟悉的互关好友等，我们面对不同的人也会产生不同的交往方式、距离和深度。

关于社交的定义，我找到了以下三种：

第一种源自《现代汉语词典》里的解释，指社会中人与人的交际应酬。就是说我们和客户吃饭喝酒是社交，跟飞机上新认识的邻座交谈也是社交，范围十分广泛。

第二种是马克思和恩格斯在他们合著的《德意志意识形态》

中认为，社会交往指的是人在生产及其他社会活动中发生的相互联系、交流和交换。这个定义更具有社会意义，解释了社交的本质，包含物质层面、精神层面和社会价值层面的交换。

第三种是百度百科上的定义，指在一定历史条件下，个体之间相互往来，进行物质和精神交流的社会活动。

毫无疑问，人类需要社交，它既是社会构成与发展的基础，也是文化传播的手段。社交于个体而言，还能帮助个人进步、成长。

而我对社交的深层理解来自大学时期的哲学课。这门课的名字叫作友情和爱（Love and Friendship），这应该是我大学最喜欢的一门课。

课上我们谈到**亚里士多德对于友谊的分类：**

为求愉悦的（friendship of pleasure），

为得裨益的（friendship of usefulness），

以及真正的友谊（friendship of virtue）。

第一类，纯粹因相处愉悦而成为朋友，不涉及任何利益。比如刚刚相识的哈利·波特和罗恩，两个小小少年都喜欢魔法，都单纯善良，自然而然地玩到一起。

第二类，利益相关的朋友。当我们进入社团、大学或职场后，这类纯商业利益上的朋友会多起来，与他们交往往往不一定会交付过多感情，也就不会有太重的心理负担，两个人的关系隔着不言而喻的距离，清楚明白，有另一种自在。

第三类，至高无上的纯真的友谊。亚里士多德认为，在真正的友谊中人们的德行相似，所以可以真正互相尊重。两个人的友谊可能起初会是前两类，但经过时间和经历的沉淀也可能慢慢发展成为纯粹好友。比如，《生活大爆炸》里的谢尔顿和佩妮，他们的生活方式、教育背景、性格想法完全不同，但在磕绊和理解中成了彼此生命中最重要的朋友。这种纯真的友谊，有可能来自心灵的相通、灵魂的默契或者价值观的契合，也有可能来自长期共同的经历。

有时候友情的建立也可能来自“麻烦对方”，尤其在步入社会后，很多人担心过多麻烦对方会让原本单纯的友情变味，而事实上，如果能够把握好度，主动寻求帮助会让对方感到被需要，这也是加深友情的一种办法。今天我帮了你的忙，明天你帮了我的忙，时间长了，麻烦变成了不麻烦，朋友变成了好朋友，这份时间积累的经历成了构建真正好朋友的基础。

两个人相识的时间长短并非至关重要，共同经历（shared experience）的多少才是。我相信共同经历是构建真正友谊的基

础，而社交则是与不同的人构建共同经历的过程。根据不同的社交对象，我们的社交方式也会有所不同。

社交的另一种分类

社交有很多种分类，人们根据不同角度、层面、关系，把社交划分为：个体交往与群体交往；直接交往与间接交往；熟人社交和陌生人社交；竞争、合作、冲突、调适等。而我根据社交对象的不同，将社交分为向上社交、同辈社交、向下社交。

“有效社交”这个词最近常常被人谈起，呼吁大家把时间、精力放在对提升自己有益的社交上，不管是达成合作，还是展现优势，抑或是有所收获，重点在于让每一次社交产生价值。与之相对应的就是“无效社交”，例如，我们和好友待在一起闲聊，结束后有浪费时间的懊丧感。但事实上，这样的观点仅适用于前文提到的第二种社交：为得裨益的。它忽略了闲聊产生的舒适、放松和愉悦其实同样是社交的价值。

用经济学的术语来比喻，**每一次社交带来的收益或者价值比上所花费的时间成本或者精力，就是这一次社交带来的社交效率。追求“有效社交”其实就是追求社交效率最大化。**

接下来我在解读自己总结的社交分类时，也会分析它们各自带来的社交效率，但这个公式中的收益或者价值不会局限于客观的物质收益。

向上社交

这三种社交中，向上社交往往是效率最高的社交方式。

一个想要保持进步的人，需要向比自己厉害的人学习。可现实中长期践行的人少之又少，因为这种社交很容易让人产生挫败感。

我们常说，世界上最没有意义的一件事情，就是给年轻人讲道理。大多数人都像韩寒说的那样——我们听过无数的道理，却仍旧过不好这一生。因为**有些教训单靠听是记不住的，只有自己摔过跟头才能铭记于心**。我们面对别人指出的错误，不仅会常常视而不见，甚至会觉得对方不够了解自己或者存有偏见，只有当某天自己发现了这个错误，才有去改变的动力。这就是所谓“吃一堑，长一智”。

向上社交的有趣之处，就在于有人充分看透这一处人性的弱点，并决定向认知水平更高的人学习，帮自己抹平认知上的时间差，给人生带来杠杆。

$$\beta_{社交效率} = \frac{\triangle\ 社交收益}{\triangle\ 社交投入}$$

向上社交有两个关键点：第一，向现阶段能碰触的目标学习；第二，时刻保持分寸感。

在我们公司，鼓励员工把目标设定为 120%，多出来的 20% 可以达成，但不会轻易达成，需要大家用力踮起脚争取，这样才能不断提升个人能力和实力。不断在舒适区外围试探，才能有所进步。

向上社交中也可以遵循 120% 理论，不用刻意结识那些远高于自己现阶段能力层级的牛人，哪怕对方很愿意向你分享自己的阅历、知识、经历，但这些对你来说可借鉴的意义往往并不大。

因为地位悬殊、眼界差异，那些听起来很有用的道理，对当下的我们而言，也仅限于——有道理。

在苏世民书院读书时，我曾有过类似的体验。当时，我有机会和美国、英国、吉尔吉斯斯坦、蒙古、新加坡、塞尔维亚、保加利亚等各个国家的政要，以及国际组织首脑交谈。他们的视野、知识储备量和看问题的角度显然都远超我的认知，往往会从多元视角、比较视角和发展视角来分析同一个问题，因此他们分享的内容密度和质量都很高。但限于我当时的认知水平，很多内容无法充分消化，只能当故事来听。

所以，**我们向上社交时选择的对象至关重要，需要对方能够为你带来启发和帮助，且在现阶段可以被你消化和吸收。**

那么，我们选择的对象应该是谁?

我觉得是愿意指导自己且年长一些的老师、教授和前辈或职场上不涉及直接利益关系的前辈。

之所以强调年龄，一方面是因为人们年纪增长所增添的阅历，另一方面是年龄差距带来的社交安全感。所谓社交安全感，指的是你和你社交的对象没有任何利益冲突或者竞争关系，沟通会更加真诚和有效。

我读书的时候，经常会主动去找老教授们聊天。他们往往会从帮助年轻人成长的角度向我们分享经验和见识，也很愿意倾听年轻人分享自己的观点。我在书院和倪世雄老师建立了如知己一般的师生关系，倪老师之前是复旦大学国际关系与公共事务学院的院长，也是中国西方国际关系理论的奠基人，他今年已经八十有余，仍然精神矍铄。我常常和倪老师在食堂里随便找个位置坐下，从国内国际关系课程的起源到他的家庭生活，一聊就是四个多小时，直到食堂阿姨都下班了。我也会常常教他使用外卖和打车软件，告诉他年轻人感兴趣的内容平台。后来我成了他的助教，他不仅非常放心地把很多重要的工作交给我，还会和我分享他几十年来总结的工作方法。我仍然记得他说，“自豪，记住一句话：好记性不如烂笔头”。即使他完全可以熟练使用微信阅读文章，

我与复旦大学国际关系与公共事务学院前院长、美国研究中心主任倪世雄教授的合影

还是会每周末定期分析总结收藏的文章，然后誊写在自己的笔记本上。虽然年纪相差近一个甲子，但我们仍然可以相谈甚欢、互相学习。能够遇到倪老师这样的老前辈，我感到十分幸运。

相比校园，在职场中更多人会重视向上社交，因为维系领导关系和职业的升迁关系密切。但我认为，职场里向上社交的对象最好不要与自己利益相关。

直属上司永远是我们工作中的头号人际关系，直属上司能决定一个人的升职加薪、工作内容和未来发展。通常他也只比你虚长几岁，如果分寸把握得不好，甚至可能让他有竞争意识。所以，我更建议去向没有太多工作交集的前辈请教，以学习的心态向他们请教。他们资历深、经验足，给予的指导更多是方法上的建议，不涉及具体事务，更容易把握分寸。

同辈社交

同辈指的是真正和我们一起工作学习、完成任务并相互促进的同学或者朋友，同辈社交也是我们最擅长的一种社交方式。因为年纪和经历相仿，同辈之间共同话题更多、认知水平相似，我们本能地会在遇到问题时去找同辈请教探讨，听他们讲讲自己的看法，提供一些意见或建议。因此在这里我不想赘述如何同辈社交，我只想给大家两个建议。

在同辈社交的时候，往往要学会保持自己的判断力，因为他们其实和我们一样，也在走一条之前从未走过的路，同辈给出的建议可以作为参考，但不必当成必需选项。当初我在刚入大学选专业的时候，身边的同学都建议我去读金融、数学、计算机等专业，因为就业前景好，薪水高。因此我也一脑门扎进去读了商学院。但现在回头去看，读商科未必是最好的选项，也未必是唯一可以赚钱的专业。

人容易受群体行为影响，因此要牢记——**同辈社交可以提供不同视角，但无法提供指导性意见。**

除了兼听则明，我们还需注意同辈社交时产生的焦虑。

同龄人在一起谈论到升学、就业、个人发展等话题时，总会不自觉地给人带来压力，引发焦虑情绪。最典型的例子就是同学聚会，很多人不愿意参加同学聚会，不是因为往日情谊淡漠，而是担心同辈攀比带来的“焦虑”。

有一次，我和两位同学约在一家环境轻松的串吧吃烧烤，想象中应该是吃着烤串、喝着啤酒闲聊天的场景，但真实情况是，两位优秀的“职场精英”反复向我吐槽自己的“失败”。

他们一个在顶尖咨询公司麦肯锡工作，一个就职于国际知名的私募基金，都是典型的“别人家的孩子”。可即使如此，我从他们口中听到的也是，“我的人生非常糟糕”“我觉得自己太垃圾了”。我赶紧安慰道：“多少清华北大的毕业生都进不了麦肯锡，你明明足够优秀了啊。”

他们听完非但没有停止抱怨，还接着倒苦水：“为什么别人工作两年就能升职，我却还是老样子？”“为什么别人能投一个那么好的案子，获得几十倍、上百倍的回报，而我现在也没有一个足够出色的项目？”

我原本挺愉快的心情，也被影响得开始焦虑，因为当时我在贝恩也只是个新人啊。回家之后，我开始反思，是哪里出了问题。事实上，**我们往往会忽略自己已经得到的，同时担心别人做得比自己更好，从而陷入自我质疑的旋涡，这就是焦虑的来源。**

同辈社交中所创造的焦虑，其实可以换个角度化解。

社会学中，有一个**零和博弈**的概念，又称“零和游戏”，是指参与博弈的各方，在严格竞争下，一方的收益必然意味着另一方的损失，博弈各方的收益和损失相加总和永远为零，双方不存在合作的可能。要想解决这个问题，让博弈各方走向双赢或多赢，需要摆脱零和游戏的思维定式。

同辈社交中的焦虑多半源于比较和竞争。

以常规思维看，同班同学准备高考，前几名必然存在竞争关系，他们都想得班级第一。但实际上大家的竞争目标远远不局限在一个班里，他们面对的竞争来自全市甚至全省。意识到这一点，班里前几名的竞争意识就不会那么强烈，反而应该成为一起努力的小伙伴，因为利益不再是零和，而是共赢。

在商业领域也是如此，哪怕是同类品牌有时也可以互惠互利，合作共赢。例如我正在参与的植物奶市场，由于市场还处于早期发展阶段，竞争对手还不够多、不够强，我们要做的不是驱逐对方，相互竞争产生内耗，而是应该一起开拓市场。

竞争和博弈往往发生在一个发展停滞的市场环境，此时只能通过蚕食别人的份额来获取自己的增长。在职场也一样，如果一家公司正处于上升期，对于每一位员工来说都有无限的上升空间，大家的眼光会专注于各自的贡献和成长，而不是同事间的竞争。

所以，**年轻人要学会选择成长潜力大的平台，获取更多的上升机会，消除零和博弈。同辈之间也不一定是竞争关系，见面就相互创造焦虑，也可以相互鼓励，彼此分享，在对方身上发掘可以学习的闪光点。**

向下社交

日常人际交往中是否存在向下兼容?

当然存在。

当一个人说的任何内容，另一个人都能轻松应对，且言谈举止恰到好处，既不会显得强势，又不会导致冷场，聊个天就能让人如沐春风，受益匪浅。这其实就是一种典型的向下社交。三种社交中，它给人带来的愉悦感是最强的。

这种愉悦感的来源是，后者的信息密度和知识层面都远高于前者，并愿意俯下身去听前者倾诉毫无营养的废话，并提出一些前者从未听过的观点，颠覆了对方短浅的想象力及三观，导致整个社交行为等同于向下兼容。

一位英语博主朋友和我分享过一个小故事，他有次和一位自己心仪许久的女生见面，对方个性直率，很有目标和野心，不过英语口语不够好，还在一场重要的比赛中因为英语扣了分。两个人见面后相谈甚欢，但他开玩笑说总觉得差了点儿什么。原来女生从不曾向他寻求学习英语的帮助，因此他没有向对方提供帮助的机会。本以为能用自己的特长来帮助对方，从而获得向下社交带来的愉悦感，可惜他没得逞。

这大概就是无数人喜欢向下社交的原因吧，能提升自信和优越感。就像读书时很多人喜欢和学弟学妹混在一起，因为学弟学妹们即将经历的一切，他们都经历过。而这些经历中产生的经验可以为后辈们提供帮助，从而获得对方的崇拜和欣赏。

现实生活中，我们需要缓解不同程度的压力，有人喜欢工作一周后，在休息时间约朋友吃饭、聊天、看电影，避开让人感觉有压力的话题，只是单纯喝个酒、吃顿饭，体验一场纯粹而愉悦的社交。但不可否认，向下社交的总体效率不高。无论是向上社交还是同辈社交都会带来焦虑，但是他们启发的思考和收获的经验是向下社交不可匹敌的。因此向下社交只能是调节生活的一部分，不能成为社交生活的全部，切勿沉沦其中。

简单来说，**一个积极向上的人生，需要三种社交的组合：向上社交让人思考，提供动力；同辈社交创造焦虑，需要避免；向下社交带来快乐，但要警惕沉沦。**

什么是社交杠杆？

杠杆是经济学名词，指的是放大，在金融领域，合理运用杠杆原理，有助于个人和企业的加速发展，提高效率，当然，也存在着相应的风险。把这个概念放置到社交当中，就是指**一个人通过不断社交，寻找原本不认识的强大人脉，获得更多资源，站在巨人的肩膀上被更多人看见，同时，把自己打造成不同社交网络中间的纽带，继而获得资源的交叉，收获更多更优质的人脉资源。**

斯坦福大学曾做过一项调查，他们研究发现：一个人赚的钱12.5%来自知识，87.5%来自关系。也就是说，优质的人脉关系能帮我们获取更多有价值的信息、拓宽做事的广度、加快进步的速度、提高成事的概率。

关系链

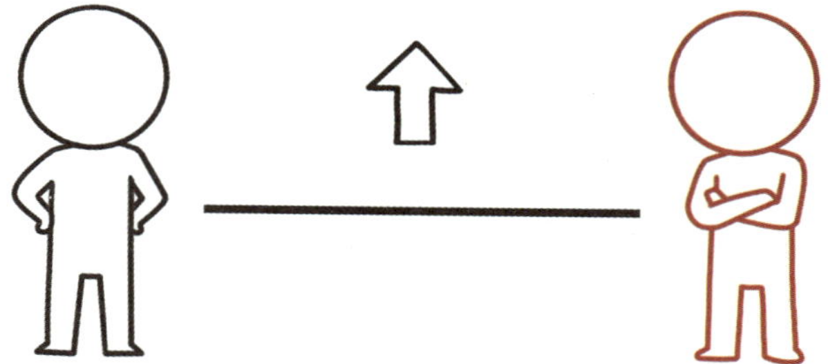

如同时间杠杆，社交杠杆也可以通过二八原则实现。

我们要重视对人脉的管理，运用好社交中的二八法则——20% 的人脉创造 80% 的价值。那么我们该如何认识那重要的 20% 人脉？

圈子不同，也要强融

假设每个人的社会关系能实体化，或许会看到个体与个体之间存在着一根根社交链条，不同的链条组合起来产生连锁反应，继而形成不同的社交网络，之后通过链接扩大更多的社交网络产生社交杠杆。这是人们需要不断社交、不断搭建关系的原因。

首先，我们要了解的概念是**关系链。关系链是指若把每个人当作整个社会群体中的一个结点，每两点之间的连线成为一个关系链。**现在具备任意社区性质的社交平台，都是以此作为一个重要基础或是直接以此形成相关的服务。关系链能让人与人之间形成资源通道，通畅、便捷地互动起来，像大众熟知的人人网、微信等社交软件都是如此。

不同的关系链相互交织便形成关系网。美国著名社会心理学家斯坦利·米尔格伦（Stanley Milgram）于 20 世纪 60 年代提出**六度人脉关系理论**："你和任何一个陌生人之间所间隔的人不会超过六个，也就是说，最多通过六个人你就能够认识任何一个陌生人。"这个理论当年引起轰动的点在于：它表示任何两个素不相识的人，通过一定的方式，总能够产生必然联系或关系。这就是关系网络的力量。

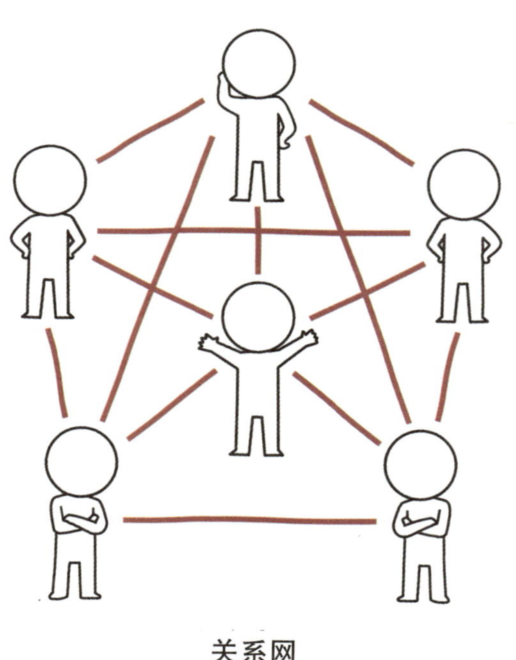

关系网

在一张社交网络中，往往会有一些人集聚着大量的关系链，连接着不同的小社群，这样的人被称作“**Node**”（**人际关系节点**）。能够成为 Node 的人可以突破不同圈层，获得不同圈层的资源，让资源叠加，不仅能造福周围的人，也能大幅提升自己在社交圈层的位置。

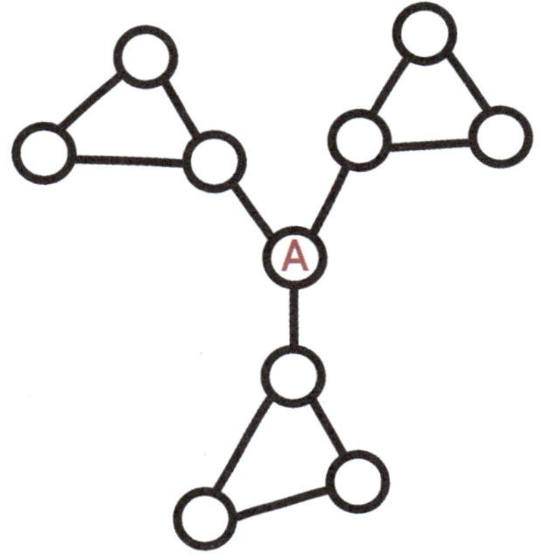

人际关系节点

之前有一个很流行的社交金句，说“圈子不同，不必强融”，其实，我不太同意这个观点，我觉得圈子不同也要强融，因为产生交互的关系链能带来资源的裂变式增长。

最后，我们再了解另一个重要的概念**“结构洞”**。它的提出者叫罗纳德·博特（Ronald·Burt），是一位著名的社会学家，也是美国芝加哥大学商学院社会学和战略学教授。

他说：**“结构洞是指两个关系人之间的非重复关系。结构洞是一个缓冲器，相当于电线线路中的绝缘器。**其结果是，彼此之间存在结构洞的两个关系人向网络贡献的利益是可累加的，而非重叠的。”

举个简单的例子，有 A、B、C 三个人，A 和 B 认识，B 和 C 认识，但 A 和 C 不认识，那么 A 和 C 之间就存在结构洞，结构洞两边传递着不同的信息流，B 就是在中间传递和控制信息的人。往往前文提到的“Node”就是通过弥补一个又一个结构洞来扩张自己的社交网，以突破不同社交圈层的界限。

如果想要获得更多的社交杠杆，我们应当在这些关系链、关系网中找到自己的坐标，成为其中重要的“Node”。

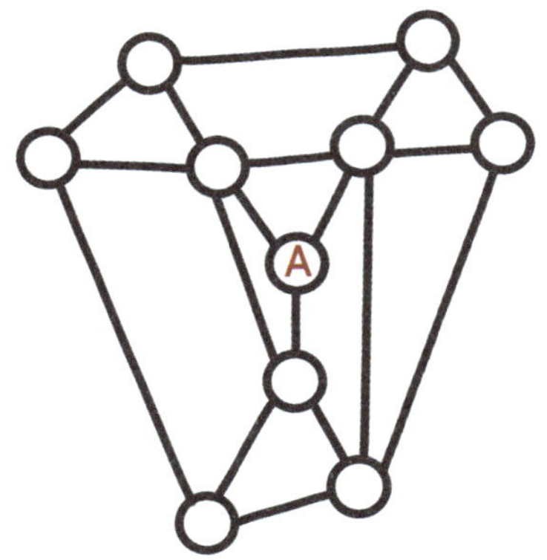

打破圈层壁垒

如何获得社交杠杆？

想要获得社交杠杆，需要做到三步：成为社交网中不可获取的“Node”，学会在不同场景下好好说话，提升沟通力，并且拥有一颗同理心。

成为不可或缺的“Node”

第一步，梳理社交关系，厘清重复关系和非重复关系。

所谓的重复关系是指：我们的朋友也相互认识，社交圈高度重合。过多的重复关系会导致信息来源单一，无法为社交提供更多的额外价值。相对地，非重复关系指的是朋友与朋友之间并不认识，他们的连接点是你，也就是前面提到的结构洞。当圈子与圈子之间存在缝隙，而你能够成为弥补缝隙的人，便可以从圈子两边获得更多信息和资源。

第二步，有意识地增加非重复关系。

要想得到更多的信息，应该创造更多的结构洞，即增加非重复关系。信息绝不是均匀传递的，当你身边都是重复关系的时候，类似的信息会反复出现在你的身边。比如你是一个电影行业的从业者，打开朋友圈，十条里至少有五条是和电影相关的动态，比如某某电影要上映、某某电影公布了主演等，大量重复的冗余信息会使获得信息的效率变得低下。我们要做的是有目的性地增加非重复关系，和不同专业、行业的人互动，增强信息传递，防止一叶障目。

第三步，由非重复关系拓展人脉网络结构。

即便有意识地增加非重复关系，我们的社交关系中还是存在大量同质化的社交关系链——校友、同事、同行仍然占据了近乎80% 的社交空间。如何提高社交效率，让 20% 的非重复联系人发挥 80% 的社交杠杆作用呢？融入非重复联系人的社交圈层，这是一个由线到面的过程，增加与非重复联系人的社交仅仅停留在单线沟通的层面，而通过非重复联系人融入不同的社交圈层才能逐步构建起属于你的人脉网络。

第四步，打破社交圈层壁垒，提高人脉连接效率。

让社交圈保持活力的秘诀是什么？让你的朋友成为彼此的朋友。

或许有人会想：为什么我要把自己的社交网络贡献给对方？如果他们认识了，我不是就失去了价值？事实上，如果想提高人脉连接的效率，就需要主动建立不同好友之间的桥梁。

为了社交，我加了很多微信好友，不同朋友之间也有相互认识的需求，我都会积极帮忙。我发现建群能有效打破社交尴尬，增加跨圈层的沟通。作为一个群聊生物，我基本不私聊，很多事情能在群里沟通的都会在群里沟通。比如，遇到朋友过生日，我一定会在群里祝他生日快乐。其他人看到消息，也能一起庆祝。这样过生日的人也会收到更多祝福。

另外，个体与个体之间的关系维护有一定难度，通过群聊能更简单地达到这个目的。有时候微信上加了新好友，在交换基本信息后，经常不知道可以再聊什么。如果能从已有好友中找到与他背景相似或者对方想结识的人，拉群沟通，就能迅速展开话题，在无形中巩固这段脆弱的新社交关系。

当我们慢慢成为社交网络里的Node，就会发现社交带来的杠杆，从而帮助自己的资源进行裂变式增长。

好好说话

散文家朱自清说："人生不外言动，除了动就只有言，所谓人情世故，一半是在说话里。"所以说学会说话是一件非常重要的事。那么，要想构建一次好的对话，我们需要遵守哪些规则？

不要自作聪明

在"会说话"这件事情上，我们并没有自己想象中聪明。但很多人聊天时，会不自觉地表现出一种优越感，认为自己懂得说话的艺术，这也是一个很大的误区。有这样习惯的人，容易被人判断为情商不高。

我有个做社群的同学，会聊天，擅长处理人情世故，也因此他在这方面特别自信，觉得所有人都喜欢他说的话。他习惯于打听每位同学毕业后的去处，然后给出自己的建议，甚至是将不同的同学相比。他常挂在嘴上的话就是"我觉得你应该去哪里哪里"。这种看似站在对方立场给出的建议，其实十分草率，对方并不会为此而感到高兴。或许他的本意是体贴和关心，结果却弄巧成拙了。

对谈话进行预期管理

虽然谈话的场景各不相同，但几乎所有的交谈都可以提前在心里做出预期。无论长短，最好能提前准备。

开会的预期是处理好某些事情，所以，提前拟定会议主题，明确会议内容，就算开会期间没有达成共识，也要让谈话内容沿着预期的方向推进，没有预期的讨论会失去边际。

闲聊的预期是放松，营造畅所欲言的氛围就可以。读书时，我们每周四晚上九点有个固定的闲聊聚会，朋友围坐在客厅里，开一瓶红酒，分享各自的事情，天马行空，自由自在，所有人都很开心。

全神贯注，不要开小差

生活中，我们和朋友、同事聊天时，喜欢把手机放在旁边，方便及时回复信息。我们似乎觉得手机放在旁边并不会影响自己的注意力，也不会影响到谈话本身。其实，心理学家格伦·威尔森发现，大脑的前额叶帮助我们决定任务的优先级，而它很容易被新鲜事物所吸引。当手机摆在旁边时，它会一直耗费精力去想着手机是否有新通知，从而使得我们的认知功能降低。

真正专心做某件事时，仅忽略智能手机通知远远不够，最有效的办法是完全禁用或者关机。因为我们大脑的生理结构决定了人不可能同时把精力聚焦在多件事情上，往往只能专注于一件事。我们往往会高估自己多线程处理任务的能力，但多线任务不能提高效率，反而会影响深入思考和创新的能力。人处理的事情越多，专注度就越低，更没有足够的时间深入思考。

所以，我跟别人沟通的时候，很不喜欢听到“你刚刚说什么，我没听到，你能不能再说一遍”这句话，这说明对方不够专注，这对讲话人而言，是一种傲慢和无礼。

一个优秀的决策者在做决策前，必须获得足够多的有效信息才能做出正确的判断。如果他心不在焉，很可能出现失误。很多事都是失之毫厘，谬以千里。

用心聆听，才能听到弦外之音

我总强调做事“动机”很重要，说话也一样。有些交谈不方便直接传达目的，就需要我们仔细聆听，关注对方的语气、体态，站在对方的角度考虑问题，发现需求，满足需求，从而构建良好的人际关系。

现在大家都知道，“你在干吗”不仅仅是一句平常的问候，还意味着“我想你了”，这就是初级的弦外之音。如果观察到对方只是单纯地需要一个聆听者，我们就可以安静地倾听，适时地给出回应。如果发现对方想了解某个方面的内容，我们就沟通彼此知道的信息。

在交谈中予以尊重和关注，让双方的对话能顺利进行，并进行得有意义。

避免语言暴力

另外，交谈中非常重要也常被人忽略的一点是，不要出现语言暴力。有人说过语言是窗户，否则，它们是墙。良好的沟通能帮人们搭建通向更远世界的桥梁，而糟糕的沟通往往像一堵墙，把人和人相互隔绝。

生活中的暴力语言随处可见，可能是一句无心的嘲笑，也可能是脱口而出的指责，更严重的还有恐吓和谩骂。

很多时候语言暴力是在无意之中发生的，因为每个人的痛点不同，而我们往往很难去完全理解别人的感受。年龄、外表、家庭背景等都可能是一个人在意的软肋，所以与人交往时要注意绝不要拿这些痛点当话题或玩笑。

我刚开始创业的时候，会听到年纪略大的同事说我“就是一个小孩”。其实我心里常常会不舒服，好像被贴上了“不稳重”“太天真 ”的标签，就算我在团队里担任着领导的职位，也会觉得没有得到应有的尊重和认同。

那么，出现暴力沟通的原因是什么呢？

（1）习惯性的道德批判，给对方贴标签，指责对方的行为。

那些喜欢轻易下判断的人，经常在不了解别人的情况下直接否定对方，还习惯性地放大别人的错漏、缺点，把“你总是”“你不行”挂在嘴边。比如，有人看到年轻人没有让座的现象，脑海中直接浮现出“这个人真没素质”“缺乏教养 ”等类似想法，而那个人可能工作了一整天，已经筋疲力尽。

（2）喜欢进行比较。

每到年节，亲戚们聚在一起总会问起家里小孩的成绩。有些亲戚可能会说：“哎呀，你怎么才考了 95 分，× × 家的孩子考了 100 分。”事实上，能考 95 分说明孩子已经付出了努力，家长、亲戚应该鼓励孩子，而不是拿别人家孩子的高分比较。

（3）回避责任，习得性无助。

心理学家的观察实验显示，如果一个人总是在一项工作上失败，他就会在这项工作上放弃努力，甚至对自身产生怀疑，觉得别人“这也不行，那也不行”，无可救药。这种习得性无助的人，往往不懂得问题出在自己身上，而不是别人那里，沟通时自然就把责任推给别人。

（4）脾气暴躁。

有些人总是不管不顾地发泄情绪，不懂得心平气和地处理。就像那些总是大声呵斥孩子“你能不能好好吃饭”的妈妈，而不是询问孩子是不是哪里不舒服，或者用更温和的方式找出孩子不吃饭的原因，导致孩子长大后也像这类家长似的处理问题。

（5）强人所难。

最常见的句式有“我做的一切都是为了你好”“你别不识好歹”，听起来好像在关心对方，实际上忽略了当事人的真实感受，在强硬地灌输自己的想法。

其实，要想有效避免暴力沟通，同时又能提出自己的诉求，我们可以学习一个不错的通用公式——

“我观察到……我感觉……是因为……我请求……”

意思就是，在和人沟通中遇到问题时，可以先说明自己看到了什么，直接感受是什么，然后提出原因和诉求，这比直接去指责对方更有效果。

现实生活中，每个人都有情绪起伏的时候，尤其状态比较焦虑、不安的情况下，容易带着情绪处理事情，犯一些低级错误。如果遇到了已经发生的暴力沟通，我们要尽快平复心情，及时反思，修复损伤的关系。

拥有同理心

什么是同理心？

同理心是一个心理学概念。根据百度百科的解释，我们可以把同理心（Empathy）理解为："设身处地理解""感情移入""神入""共感""共情"，泛指心理换位、将心比心。通俗一点儿的解释是，**设身处地地对他人的情绪和情感的认知性的觉知、把握与理解**，主要体现在情绪自控、换位思考、倾听能力及表达尊重等与情商相关的方面。

我对同理心的认识有一点儿晚，在我读研的时候，有一次去经管学院听课，某基金的一位合伙人提到做投资最重要的是掌握第一性原理和同理心。投资人在选择投资目标时常常会带入自己的个人喜好和认知，而没有站在用户的角度去思考他们真正喜欢的是什么，这样缺乏同理心做出来的投资决策是很难正确的。

不只是投资，人际交往中很多情况下，同理心发挥的作用也超乎想象。很多问题只要我们愿意将心比心，了解他人的想法，就很容易找到解决问题的方法。尤其当发生矛盾或冲突的时候，同理心强的人总能以最快的速度消除误会，解决麻烦。

一个拥有同理心的人，更容易获得他人的信任，而所有人际关系都建立在信任的基础上。因此，培养同理心对构建良好的社交关系来说非常重要。

缺乏同理心

现实中，群体与群体之间、个体与个体之间都存在缺乏同理心的情况。

比如前些年我们常常谈论的消费升级话题，2018年的时候，很多人觉得中国正在经历消费升级，人们都想要高品质、高价格的东西。但现在又有一些人在强调消费降级，比如拼多多的崛起。

为什么他们会有这么截然不同的感受呢？主要原因是，生活在北上广深等一线城市的人感受到了生活水平的提升，想当然地理解为全国人民的生活水平都提升了。

而拼多多的创始人黄峥在分析中国老百姓的消费习惯时得出的结论是，普通老百姓购物时更注重划不划算，他们可能说不上贫穷，但大部分仍然积蓄不多、收入不高，所以，需求的不是品质，而是物美价廉。

除了群体之间，其实个体之间更容易缺失同理心。

我有一次去自家楼下的小超市买东西，结账的时候，遇到一个附近工地的工人来买盐。收银员用扫码枪扫过之后告诉他这包盐需要6块钱，他显然有些吃惊，反复问收银员，为什么一袋盐要6块钱？之后他仔细地研究这袋盐到底多少克，有什么成分。排在他后面的我显然有一些不解，觉得就这么一袋盐，有必要这么纠结吗？但后来我觉得自己的想法多少有点"何不食肉糜"。

家庭成员之间也常常会发生这样的问题，例如父子关系。青春期的孩子常常会认为父亲管教太严，约束自己的自由和发展。然而父亲会认为孩子永远长不大，不知道父母“其实都是为了你好”。这样的案例发生在无数个家庭当中，而这都是互相之间同理心的缺失造成的。

如何提高同理心?

（1）把关注点放在对方的利益、需求上。

美国著名社会心理学家亚伯拉罕·马斯洛在20世纪50年代提出了“人类需求层次”理论，认为人都潜藏着不同层次的需求，这些需求在不同的时期表现出来的迫切程度是不同的，几种层次分别是：生理需求、安全需求、爱与归属的需求、尊重的需求、自我实现的需求。

而**人类最迫切的需求，才是激励人行动的主要原因和动力。当我们知道对方需要的是什么，也就有了理解对方的方向。**

樊登读书创始人樊登，也基于自身对大众需求的理解，列出了一个人类共同的需求名单。

他根据本能需求、心理需求等方向，把人类的需求分为几个不同的类型：

第一类，朋友、集体、归属感；

第二类，放松、休息、快乐；

第三类，关注、理解、倾听；

第四类，学习、探索、发现；

第五类，选择、自由、自我；

第六类，被认可、信任感、安全感；

第七类，支持、尊重、爱。

我们可以依据这个需求名单，通过对方的表达和动作理解他的需求，训练自己在社交中的同理心，洞察他的真实需求。与他人沟通时，如果连对方最真实的想法都没掌握，根本没办法满足对方的需求。就像商业谈判中如果对方在意的是价格，就适当在价格上做出妥协；如果更在意质量，就要在交谈中强调工艺、标准等，得到对方的认可，促成合作。

就像我在超市遇到的那位工人，他当时最需要的是生存，可如果一个人非要去和他聊诗和远方，他不仅不会觉得高雅，可能还会觉得没有意义。这就是需求的错配，而发现这一点需要我们有同理心。

马斯洛需求理论

（2）学会理解他人的痛苦。

需要关怀是人类的基本驱动之一，而同理心是这种驱动的根基。同理心跟善良、慷慨等词的不同之处，恰恰在于它跟痛苦有密切的关系。**人们对快乐、幸福的共情能力更强**，就像作家托尔斯泰曾在《安娜·卡列尼娜》中写过，“幸福的家庭都是相似的，不幸的家庭各有各的不幸”。**如果能学着理解他人的痛苦，我们会更容易得到他人真实情绪的反馈。**

我们在面对一个因为生病需要截肢的病人时，可能会在手术前劝他“不要难过”“你一定要坚强”“未来肯定会有好事发生”等，但这不一定是他需要的。如果有人给他一个拥抱，告诉他“你一定很伤心吧，不要憋着，你可以大哭一场的”，这个病人可能会感到一丝安慰，因为有人真的明白他的心情。这就是关怀，也是理解他人痛苦的同理心。

（3）开始练习和实践！

不知道你有没有听过帕特里夏·穆尔这个名字，她是“普适性设计”的先驱。

1979 年，当时 26 岁刚从大学毕业的她在纽约知名公司雷蒙德·罗维担任产品设计师。因不满公司对老年用户的忽略，她索性化装成一个 85 岁的老人，去体验老年人的生活，“我想要真正投入其中，发挥同理心，站在别人的立场想事情”。她找专业化妆师帮忙，化好逼真的老年妆；为达到听力下降的效果戴上耳塞，穿高低不一的鞋子，佝偻着背，行走在不同的城市之中。她从这些具体的体验和观察中得出许多感悟，于是发明了一系列适合老人使用的产品。

这是从实践中提高同理心的一个真实案例。

三个关键点

我曾经上过清华大学社科学院彭凯平教授的心理学课，他在课上提到，想要建立良好的人际关系，主要有三个关键点。

第一个关键点是**相近性**。

我们天生喜欢和相近的人接触。这里的相近包括物理距离、职业距离和肢体等。彭教授认为相近的人更有话题和亲近感，彼此间也更容易相互认同。

物理距离上的相近很好理解，比如，邻居、老乡。

从事相近的行业相比不同的行业能获得更多的认同感，就像在外聚会，大家聊起自己的职业，同一个行业的人相对来说使用的话语体系类似，更容易打开话题。

还有一个是肢体上的近距离，有科学研究证明**肢体接触会更容易拉近两个人的距离。**

这个肢体接触研究实验研究的内容是，男性对女性的肢体接触是否能够提升女性对男性诉求的认可。

第一组实验对象是 120 名男性和 120 名女性，男性要在夜店里邀请女性跳舞，其中一半的男性碰触到女性的肩膀，另一半没有。第二组实验对象是 3 名男性和 120 名女性，男性在街上问女性要电话号码，也是一半人碰触了肩膀，另一半没有。实验结果显示：邀请跳舞的那组人，如果男性碰触了女性的肩膀，成功率是 65%；如果没有肢体接触，成功率是 43%。要电话号码的那组人，如果男性碰触了女性肩膀，成功率是 20%；如果没有，成功率只有 10%，结果相差一倍。

这个实验证明，适度的肢体接触能在社交中提升一定程度的好感，但需要掌握尺度。因为社交中需要注意社交距离，不是每一个文化群体都接纳两个人初次见面时有肢体碰触。

第二个关键点是**相似性**。

相似性原则和前一个有一些类似，它强调的是我们会更愿意选择与自己相似的人作为朋友、同事和伴侣。

俗话说，物以类聚，人以群分。不管是伴侣、朋友还是同事，大多数人都更喜欢跟自己相似的人交往。我们公司招聘的时候，也引发过一个相关讨论。现有职员的教育背景都相对较好，可以说是传统意义上的精英团体，那我们招人时会不会更注重名校背景或有大平台工作经验？答案是当然会。

因此，在和他人建立社交关系时，要学会寻找彼此之间的相似之处，拉近双方的距离。

第三个关键点是**互惠性**。

我觉得这一点要提到社交的本质，是**各取所需、双向认同**。

生活中，我们都喜欢对自己好的人，也希望自己的付出是有回报的。这一点并不好执行，因为人们更喜欢别人无条件地对自己好，这就违背了社交的本质。

其实，不管是爱情、友情还是合作，都需要双向奔赴、相互认同，这样关系才能长久。不能由一个人一味付出，时间久了，被照顾的人会有压力，付出多的人也会觉得不公平，导致关系产生裂痕。

人性使得我们总是倾向于得到正向反馈，即使是明显的奉承，可能也会增加好感。所以，在不同的社交场合，可以多给别人一些赞美和肯定，比如，称赞对方新换的发型、新买的外套等。当对方表达出了自己的善意，我们也应该积极地反馈自己的感谢和喜悦。这在东方文化中可能表达得比较含蓄，但我们还是要学会用适合的方式，把这个信号传递给对方。

小节提炼

01

亚里士多德对于友谊的分类：为求愉悦的（friendship of pleasure）、为得裨益的（friendship of usefulness），以及真正的友谊（friendship of virtue）。

02

两个人相识的时间长短并非至关重要，共同经历（shared experience）的多少才是。共同经历是构建真正友谊的基础。

03

每一次社交带来的收益或者价值比上所花费的时间成本或者精力，就是这一次社交带来的社交效率。追求“有效社交”其实就是追求社交效率最大化。

04

向上社交有两个关键点：第一，向现阶段能碰触的目标学习。第二，时刻保持分寸感。

05

向上社交时选择的对象至关重要，需要对方能够为你带来启发和帮助，且在现阶段可以被你消化和吸收。

06

同辈社交可以提供不同视角，但无法提供指导性意见。

07

我们往往会忽略自己已经得到的，同时担心别人做得比自己更好，从而陷入自我质疑的旋涡，这就是焦虑的来源。

08

零和博弈：指参与博弈的各方，在严格竞争下，一方的收益必然意味着另一方的损失，博弈各方的收益和损失相加总和永远为零，双方不存在合作的可能。

09

年轻人要学会选择成长潜力大的平台，获取更多的上升机会，消除零和博弈。同辈之间也不一定是竞争关系，见面就相互创造焦虑，也可以相互鼓励，彼此分享。

10

一个积极向上的人生，需要三种社交的组合：向上社交让人思考，提供动力；同辈社交创造焦虑，需要避免；向下社交带来快乐，但要警惕沉沦。

11

社交杠杆：一个人通过不断社交，寻找原本不认识的强大人脉，获得更多资源，站在巨人的肩膀上被更多人看见，同时，把自己打造成不同社交网络中间的纽带，继而获得资源的交叉，收获更多更优质的人脉资源。

12

关系链：指若把每个人当作整个社会群体中的一个结点，每两点之间的连线成为一个关系链。

13

六度人脉关系理论：你和任何一个陌生人之间所间隔的人不会超过六个，也就是说，最多通过六个人你就能够认识任何一个陌生人。

14

Node（人际关系节点）：在一张社交网络中，往往会有一些人集聚着大量的关系链，连接着不同的小社群，这样的人被称作“Node”。

15

结构洞：两个关系人之间的非重复关系。结构洞是一个缓冲器，相当于电线线路中的绝缘器。

16

如果想要获得更多的社交杠杆，我们应当在这些关系链、关系网中找到自己的坐标，成为其中重要的“Node”。

17

要想有效避免暴力沟通，同时又能提出自己的诉求，我们可以学习一个不错的通用公式——“我观察到……我感觉……是因为……我请求……”

18

同理心：设身处地地对他人的情绪和情感的认知性的觉知、把握与理解。

19

想要建立良好的人际关系，主要有三个关键点：第一个关键点是相近性，我们天生喜欢和相近的人接触，肢体接触会更容易拉近两个人的距离；第二个关键点是相似性，在和他人建立社交关系时，要学会寻找彼此之间的相似之处，拉近双方的距离；第三个关键点是互惠性，社交的本质是各取所需、双向认同。

学会运用跨界思维可以帮助我们结合自身优势，开辟一个新领域，变成不能被轻易取代的人。

Cross border leverage

第6节

跨界杠杆

什么是跨界？

生活中，我们处处会看到“跨界”二字，比如综艺节目《跨界歌王》鼓励那些活跃在影视、娱乐、体育等领域的明星，通过歌曲竞赛的方式挑战自我，向观众展现音乐才华。演员刘涛、王凯凭借自己的演唱曲目成功登上微博热搜，被网友调侃“被演戏耽误的歌手”。

我们也常常会见到很多跨界的商业营销案例，国货老字号大白兔奶糖和气味图书馆、麦当劳和小黄人、王者荣耀与M·A·C美妆等都是非常出圈儿的跨界营销。大白兔奶糖和气味图书馆两个品牌要联名的消息一出，就迅速登上了微博热搜。品牌方顺势推出大白兔奶糖味香氛，十分钟就售出一万多件。合作款快乐童年系列更是主打高性价比、高话题度，自然地切中用户心理，在收获好口碑的同时，也赚得盆满钵满。这也让大白兔奶糖一跃成为众多老牌国货的学习对象，开始尝试跟其他调性相符、年轻化的品牌合作，希望玩转跨界，重新焕发出活力。

在百度百科中，跨界是指从某一属性的事物进入另一属性的运作。主体不变，事物属性归类变化。跨界一词对应的英文是“crossover”，意为“交叉”，强调 A 和 B 两个属性存在交集。我认为当一个人从一个领域跨界进入另一个领域，如果存在交叉重叠的部分，那么这部分可以帮助成倍放大竞争力。因为**跨界的本质是整合，是融合。通过自身资源的某一特性与其他表面上不相干的资源进行随机的搭配应用，可相互放大资源的价值，甚至可以融合为一个完整的独立个体面世。**

这里存在的交集既是跨界也是跨界杠杆产生的重要原因。

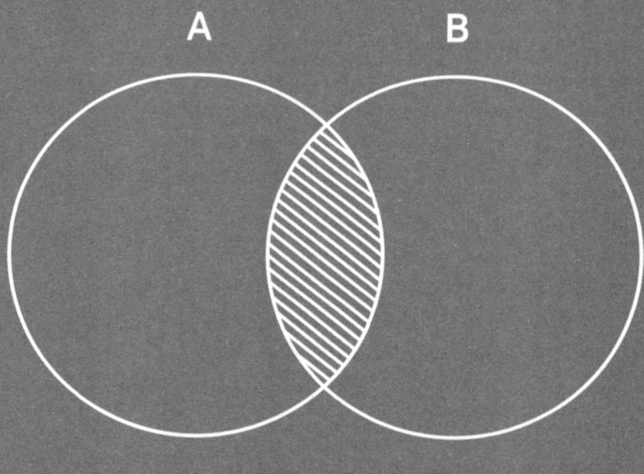

$A \cap B$

什么是跨界杠杆？

个人层面的跨界

我是一个十分追求自我表达的人，不断提升个人影响力是我的人生目标，一路走来，我在课业之余主导和参与了很多传媒相关的活动。接下来我通过学生时代跨界媒体领域来讲述我所获得的跨界杠杆。

我初中时就在网络论坛上担任了五个版面的版主，主题跨度巨大，包括历史、新闻、教育、校园等，其中还包括中南财经政法大学，这是我第一次通过互联网见识到学校以外的世界。只有十三四岁的我披着一个 24 岁时评记者的身份和一群比我大十几二十岁的人在网上写时评、办报纸、灌水和拍砖（网络用语：扯闲篇和发表不同的意见）。可以看出我是一个表达欲多么旺盛的年轻人。

高中时，我成立了英语话剧社，牵头举办过大型英语话剧演出，获得了同学和老师的一致好评。进入大学后，我创办了亚特兰大地区第一份中英双语学生报纸，成为学校媒体委员会主席，管理 15 家报刊、电视台和广播电台。在清华读书时，我阴差阳错成了一名博主，收获了许多关注，如今得以在此与你分享我的经验。

经过长时间的积累和沉淀，我在这个过程中锻炼沟通能力、管理能力和领导能力，逐渐成为一个值得信赖又敢于接受挑战的人。同时，这些学术之外的传媒经历不仅让我认识了更多人，更让我在求学和职业生涯一路高歌猛进，无论是求职的面试还是苏世民的面试，甚至是后来参加央视的主持人大赛，我的闪光之处都让人一目了然。

除此之外，**学会运用跨界思维可以帮助我们结合自身优势，开辟一个新领域，变成不能被轻易取代的人。**

在大学创办报纸的经历帮助我成为校媒体委员会的第一位华人主席，也是学校最高级别的几位学生领袖之一。全校有几百个社团，上千位学生领袖，想从中脱颖而出着实不易，我能够达成，得益于运用了跨界思维。

我们学校有三个最大的社团管理机构，类似于中国大学的学生会和团委，我很快排除了其中两个。一个是规模最大的“社团委员会”，下辖几百个社团，其中的中文社团已经呈百花齐放的态势，包括中国学生会、中文戏剧社、中文辩论社等，如果我选择在这个机构下设立社团，和已经非常成熟的社团硬碰硬，想突出重围成为头部难度很大。二是规模最小的“特殊活动委员会”，它主要举办大型文艺活动，因为举办的活动规模大、成本高、成体系，所以内部人员架构一直相对稳定，很难让新人迅速进入领导层。显然，这两个社团管理机构都不能让我发挥跨界优势。

我最终选择的是“媒体委员会”，经过调查，我了解到其主席团内不仅没有中国人，甚至没有亚裔，基本以白人为主导。因为媒体对语言要求高，广播需要英语口语能力，报纸需要英文写作能力，对非英语母语的学生来说是很大的挑战。

一方面，是中文社团圈地自萌，留学生们抱团聚集在自己的小圈子里自娱自乐，没有打破中文圈层的意愿；另一方面，是主流的“媒体委员会”缺少亚洲文化的声音，对于崇尚多元文化的美国大学来说，算得上是缺失的一角。两个毫无交集的圈层造就了中间的空白地带，而这正是我可以无限发挥跨界优势的空间。所以，我以一个中国留学生的视角表达了希望加入媒体委员会，成立一个新社团，做中英双语的学生报纸，让更多外国人了解中国文化，也帮助中国学生群体融入校园，消弭这道文化隔阂。

不出我所料，这一套逻辑非常受用，以白人为主导的主席团一致通过了我的提案，而在此之前，媒体委员会已经有五六年没有接受新的社团组建提案了。

我与社团的伙伴

在清华大学读书期间，因为一次偶然的想法，我在抖音上发布了一条书法视频，没想到第二天登上了平台的热搜榜，得到了许多人的喜欢。自那之后，我固定上传一些短视频作品，开始和大家分享自己的思考、感受。

久而久之，我发现那些内容不再只是满足于我的自我表达，而是通过其强大的感染力引起了粉丝的共鸣，甚至影响到了他们的个体行为。很多人因为我的视频开始努力，下定目标，采取行动，得到了积极正向的反馈。我做短视频创作的初心，也从满足于自我表达，逐渐发展到追求共同表达。

与此同时，邀请我的综艺节目纷至沓来，我上了《一站到底》，去了东方卫视，甚至站上了央视的舞台，新华网为我拍摄了专题纪录片。

而我能吸引关注，和个人的跨界属性有很大关系。

我能得到新华网拍专题纪录片的机会，是因为他们想在新媒体平台找一个符合“斜杠青春”、传播正能量主题的博主。但翻遍网络没有满意的，最后找到我，说我身上有小镇青年、清华学霸、抖音百万粉丝博主等多重身份，特别符合他们的要求。三个标签放在一起，圈出的人少之又少。

换句话说，我可能不是最厉害的视频博主，也可能不是最突出的清华毕业生，但跨界成功找到那个小范围的中间地带，我占据了一个新领域，拥有鲜明的个人优势，还不会被轻易取代。

商业层面的跨界

在商业层面，我想强调的是，一定要做两个交叉领域的第一名。

在原本的两个圈子中不是头部，但跨界后能成为中间领域的头部也很重要。换句话说，当品类里的第一名，给自己一个新定义。

这类成功的案例很多，如果是在我熟悉的饮料领域寻找案例，那三顿半超即溶咖啡和元气森林都提供了不错的思路。

他们在已有的技术、品类中创造了一个全新的产品，之后借助营销、渠道，迅速成为爆品。我们都知道速溶咖啡的特性，方便、便宜，但口感不好，也知道现磨咖啡的优势，口感好，品质佳，但价格超出一部分人的承受能力。

三顿半把一个很早就应用于多个领域的冻干技术嫁接在咖啡饮品上，独创出“冷萃提取、智能冻干”超级萃技术。这项技术的原理很简单，就是通过超频萃取工艺，在更低温、更短时冷萃的过程中，最大程度保留咖啡口感、香气、新鲜度、甜感等细节层次。它还有很好的溶解性，方便冲泡，这样生产出的咖啡，既兼顾了便捷又保留了口感。所以，新产品一经推出就获得了市场认可，创造了巨大的价值。

有数据显示，三顿半继2019年天猫双十一荣登咖啡类目榜首后，2020年天猫“6·18”活动期间，又力压雀巢、星巴克两大巨头，跃居天猫“6·18”冲调大类销量第一。

元气森林也是如此，在原有的道路上走得吃力了，就尝试另一条道路，找到“无糖”和“气泡水”这两个结合点，弯道超车，迅速打响品牌知名度，聚集资源，销售额20亿，估值超过300亿。

元气森林核心切入的赛道为碳酸饮料，有约900亿市场规模，市场前景可观。我们都知道，可口可乐早有无糖可乐这个产品，巴黎水也牢牢占据“气泡水”这个品类的老大，元气森林之所以走红，是因为它重新定义了无糖气泡水。当大家想到无糖气泡水，也就想起了元气森林。

这种商业层面的巨大成功，也体现着跨界杠杆的神奇。

如何获得跨界杠杆？

在了解了跨界杠杆所能发挥的能量后，我们可以把目光放到如何获得跨界杠杆这件事上。我觉得主要方法有两个：**第一，锻炼多元思维，思考要多元。第二，路径多元，对自己人生的规划要多元。**

一、跨界杠杆需要拥有多元思维

思维方式决定了我们做事的效率和结果，人与人之间的差别也源自思维方式的不同，如同电影《教父》中所说：**“花半秒钟就看透事物本质的人，和花一辈子都看不清事物本质的人，注定**

是截然不同的命运。”

思维方式单一的人，很可能只从一个角度看待问题，拘泥于某个因素或环节，再加上获取信息的能力不足，导致思考深度和广度不足，最终做出的判断和行动也就大打折扣。

他们给人的感觉就像在盲人摸象，看人看事过于片面，还容易固执己见，明明只是摸到局部位置就乱加猜测，企图做出全面的判断。但不得不说，大部分人终其一生都在盲人摸象。

查理·芒格曾说：“长久以来，我坚信存在某个系统——几乎所有聪明人都能掌握的系统，它比绝大多数人用的系统管用。你需要的是在你的头脑里形成一种思维模型的复式框架。有了那个系统之后，你就能逐渐提高对事物的认识。然而，我这种特殊的方法似乎很少得到认可，甚至对那些非常有才能的人来说也是如此。人们要是觉得一件事情‘太难’，往往就会放弃去做它。”

他提到的聪明人都能掌握的系统，就是**多元思维**。随着国内越来越多人认识到思维模式的重要性，也有更多人意识到它既是解决问题的工具箱，也是人类到目前为止最有效的学习方法之一。

美国密歇根大学复杂性研究中心“掌门人”斯科特·佩奇认为，**“一个人是否聪明不是由智商决定的，而是取决于思维模型的多样性”**。他把这种现象称为多元思维模型的“多样性红利”。在他看来，拥有多种思维方式的人更有创新力和灵活性。

什么是多元思维？

通俗来讲，**多元思维指的是跳出点、线、面的限制，运用不同学科的基础理论从不同角度去思考问题的思维方式。**多元思维的多元指的不仅是横向领域的多元，更指的是纵向层次的多元。

1. 多元思维的深度

我们的生活中存在着大量经过广泛验证的规律和原理，通过不同的思考方式会获得不同层次的思维模型，这些都是我们解决问题的指导方法。如果根据思考的层次对常见的思维模型进行一个分类，大概有三类：

（1）从经验中总结出的规律

这种思维模型的形成，多半源自个人有限的经验总结。比如，我们常说的“三十六计走为上”“三人行，必有我师”“天下大势，合久必分，分久必合”等经验，这些看似质朴的道理，都是通过总结日常经验得出的规律，在特定的情境下，可以为我们解决问题快速提供思路。

这样的规律往往过于浅显，也无法被科学验证，更无法被迁移到不同的问题。例如，我们是否遇到任何问题都可以“三十六计走为上”？事实上，我们又常常被告知应该“明知山有虎，偏向虎山行”。

（2）从规律中提炼的方法论

通过将生活中总结的规律不断提炼，我们会将很多问题的解决方法归纳成方法论。在日常生活中，有些问题是重复出现的，相应地，人们在无数次处理类似问题的时候形成的一套标准流程，也是一种思维模型。比如 SWOT 分析、PEST 分析、4P 理论等。

咨询公司的咨询顾问们特别擅长使用方法论，也特别擅长构建方法论，因为他们需要在极短的时间内为客户提供问题的解决方法，而之前做过的大量案例沉淀了大量的方法论供他们使用。其中，比较有名的包括波士顿咨询的 BCG 矩阵、麦肯锡工作法。我之前在贝恩工作时，也掌握了很多方法论。其中贝恩著名的 NPS（净推荐值）工具就是一种科学衡量顾客满意度的指标，它最早是由贝恩公司客户忠诚度业务的创始人弗雷德里克·雷赫德（Frederick Reichheld）提出的。这些工具可以帮助我们在日常工作中快速、客观、高效地处理信息、做出判断。

（3）从方法论中发现的基础理论

广泛存在于各个学科之中的定律、原理都属于这个范畴。简单如三角形内角和等于 180°，复杂如牛顿三大定律，它们都

受邀担任“托福中国青年品牌大使”

是前人对自然现象的高度归纳总结，是目前最好的归纳总结，可以有效解释一些现象，甚至预测一些还未发现的现象。因为这种思维模型具有底层性，所以它的普适性也是最强的，可以被应用到非常多的日常场景中，比如一颗苹果从树上掉落砸到牛顿和地球围绕着太阳做有规律的运动，究其根本都是因为万有引力这条原理。

介绍了三种不同层次的思维模型，需要加以说明的是，从实际应用的角度来说，这几种思维模型并没有绝对的高下好坏之分，并不是越深层就越好用，而是各有所长，适用于不同的环境和条件。

对于年轻人而言，我非常建议大家在遇到问题时能够刻意练习自己深层思考的能力，仅仅停留在经验型、规律型的浅层思考，思维是无法被打开的。尝试着刨根问底，追寻底层的第一性原理，一定比浅层思考收获更多。

2. 多元思维的广度

多元思维除了在深度上具有不同层次，在广度上也有着不同的应用范围。

多元思维模型

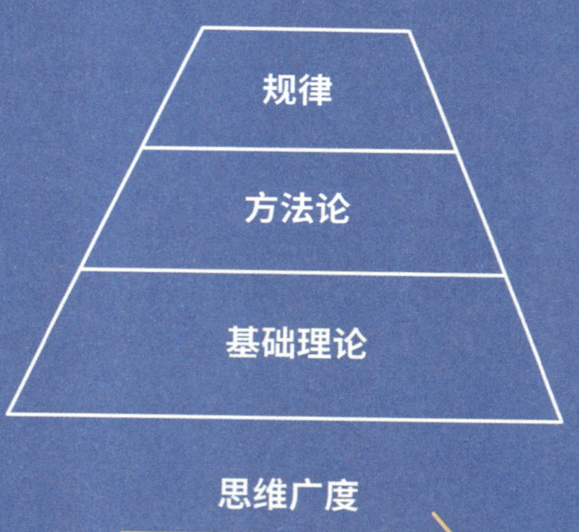

通过结合多个学科的知识，从不同的维度来观察事物，分析问题，往往可以得出比较准确的结论。很多时候，人们能够创造性地解决问题，都是从其他领域的解决方案中获得启发。而不同领域看似无关的问题，只要我们找到更底层的相似性，就能提炼出跨学科的基本问题。通过研究这些基本问题在不同领域的解决方案，能够极大地开阔我们的眼界和思路，创造性地解决问题。

总的来说，掌握多层次、多维度的多元思维模型，能帮助我们更好地解决问题。

如何建立多元思维？

第一点，学习重要学科的重要理论

思维的广度和思维的深度在某种程度上是可以互补的。而多元思维的一个底层应用角度，就是让不同的学科可以相互结合。

查理·芒格曾说过：“如果你想成为理性的思想者，必须培养出跨越常规学科疆域的头脑。而这需要大量阅读数学、生物学、物理学、社会学、心理学、哲学和文学等各学科及相关学科中著名科学家的重要著述，了解并熟悉书中介绍的核心概念，能够将不同学科的思维模式联系起来并融会贯通。”

一个人学习掌握几十种学科像天方夜谭，但了解不同种类的学科还是能做到的。

比如我的本科学校有一个叫 GER（通识教育标准）的项目，要求每一位本科生在毕业前必须从 7 个不同的领域中选修足够学分的课程，其中包括人文、社科、自然科学、体育、语言、写作、量化等。在不同的领域中可以通过选修不同专业课程去满足要求，比如，社科可以选经济学、社会学等课程；人文可以选宗教、哲学等。之前国内没有类似的项目，大家都是高考后根据兴趣爱好或前辈指导选专业，选了土木工程，大学四年要学土木工程，有人入学后发现不合适，也很难转专业。

近几年，清华大学为探索本科教育改革创新而特设了新雅书院，已经率先做出了改革。书院以“古今贯通、中西融汇、文理渗透”为宗旨，以“欲求超胜，必先会通”为导向，培养志向远大、文理兼修、能力突出、开拓创新的精英人才。所以，新生入学后不分专业，先接受以数理、人文和社会科学为基础的小班通识教育，一年后自由选择清华大学各专业方向（临床医学等个别专业除外），或选择交叉学科发展。

新雅书院是中国传统教育吸收西方经验的一个尝试，这种教育方式能帮助学生建立多元思维，由通到专、通专融合，跨学科培养，在认知、思维、表达和知识运用方面融会贯通、全面发展。

那么，我们需要掌握哪些学科呢？我认为可以分成以下四类（排名不分先后）：

第一，能够帮助我们了解客观世界的学科，“学好数理化，走遍天下都不怕”，不可否认，数学、物理和化学等学科是我们认知客观世界的基础。

第二，与客观世界相对，我们也要学习了解精神世界，这就需要宗教、历史和心理学等学科的知识。

第三，我们并非孤立地存在于世界，在人类的社会活动中，群体是重要的存在，为了学习群体活动的规律，我们需要经济学、社会学和传播学等学科的辅助。

第四，交叉学科，这是在前三种学科的基础上延伸出来的学科，随时代的发展、知识的迭代，它们也日渐成为基础学科，如领导力管理学、大数据、人工智能等。我在苏世民书院就读的全球领导力专业就是横跨应用经济学、政治学、社会学、工商管理、公共管理等领域的交叉学科。

第二点，学会贯通

所谓能够把跨学科知识“融会贯通”，本质上是有能力看到不同的领域面对着哪些相似的问题，在处理这些相似问题时，有哪些策略可以相互借鉴。

就像我大学学金融、经济、数学，现在我做的是饮料行业、抖音网红，专业和事业没有直接关系。但掌握学科背后的思维方式，能帮我们很好地解决在陌生领域中遇到的具体问题。

苏世民书院的面试，有一道题是三分钟内提炼出一篇文章的观点，我拿到的那篇文章写的是改革开放深水区的内容，由于我之前一直在国外读书，不太了解这些内容。跟那些了解这部分内容的人相比，我没有优势，但学习经济、数学等学科培养了我的分析、归纳能力，让我同样能快速解决这个问题。因此，**相比学了什么专业，我们更需要了解的是，所选的学科能培养什么能力，锻炼哪些思维方式。**

很多时候遇到不知道怎么解决的新问题，有个很重要的方法——从已有知识中进行迁移。比如，我创业的方向是饮料，但是决定方向之初，我对于饮料行业完全不了解。可我大学读了商科，清楚地知道做一款饮料并将它推向市场有哪些步骤：第一，找到好原料和工艺；第二，匹配好的包装和营销；第三，搭建优秀的渠道；等等。我把这个商科的价值链嫁接过来，并且根据这个基础步骤逐个击破，对每个环节进行优化，怎么样减少浪费节约成本、怎么样最大化价值……我不需要一开始就知道产品的供应链是什么，但是我知道这个价值链如何被拆开。这是商科和饮料生产之间的共通点，所以我们要学会的是解决问题的方法，而不是具体某个问题的答案。

融会贯通的诀窍在于，不是掌握哪些重要学科，甚至不是某些重要原理，而是理解学科背后的思维模式，并用于解决实际的问题。

第三点，结构化思考

我们遇到问题时，往往只是顺着自己的直觉思考这个问题怎么解决，而很少有意识地问自己这个问题和哪些学科、领域相关。其实我们只要记住：凡有问题，必有结构，用“厘清问题——归类领域——寻找结构”的流程，就可以把人类积累的各种重要模型用在解决自己的问题之上了。

我面试咨询公司的时候，发现问题总结起来可以分为三大类，一是计算盈利，二是节省成本，三是做战略选择。虽然提问的时候，问题很多很杂，会涉及扩大规模、工厂选址等，可能会有上千道题目，也因此很多人准备面试时都疯狂地做题。

我整理出类目后，给每个类目总结了一个模块，梳理出问题的结构。节省成本类可能会涉及：成本等于多少？由哪几个步骤组成？每个步骤的影响因素是什么？可变成本里影响因素有什么？这些问题都可以提前准备好。遇到特殊情况，发现有不适用的部分，就给原本的模块添加备注。经过不断完善和调整，这个模块会越来越丰满。

所以，我大概只做了二十道题就做好了准备，学会结构性思考，会提升效率，节省时间。

要知道，人要记住的东西越多，越容易记不住。而提炼出架构，就能解决大部分问题。

第四点，不断完善

不知道大家有没有了解过“知识树”，这是一种有效的知识管理方法，方便我们把某个学科或某个方面的内容整理成知识结构，形成一个树状网络。所以，我们要学会建立自己的知识树，还要用存量思维去完善。如果说知识树是每个人存储有效知识的根基，那存量思维就是知识处理机，它要做的是分类、归纳、整理。在这个基础上，我们要保持成长性和不断优化原有模型的心态，补充、删减、修正，慢慢让模型变得更加完整。

第五点，严格行事，刻意练习

任何高效的学习，都需要在掌握方法的同时增加刻意练习。掌握方法只是开始，要想达到获得真知的结果，必须经过长时间的刻意练习，更何况锻炼思维模式、掌握多元思维是一件并不简单的事，所以，要严格要求自己，保持长期练习的习惯。

咨询笔记

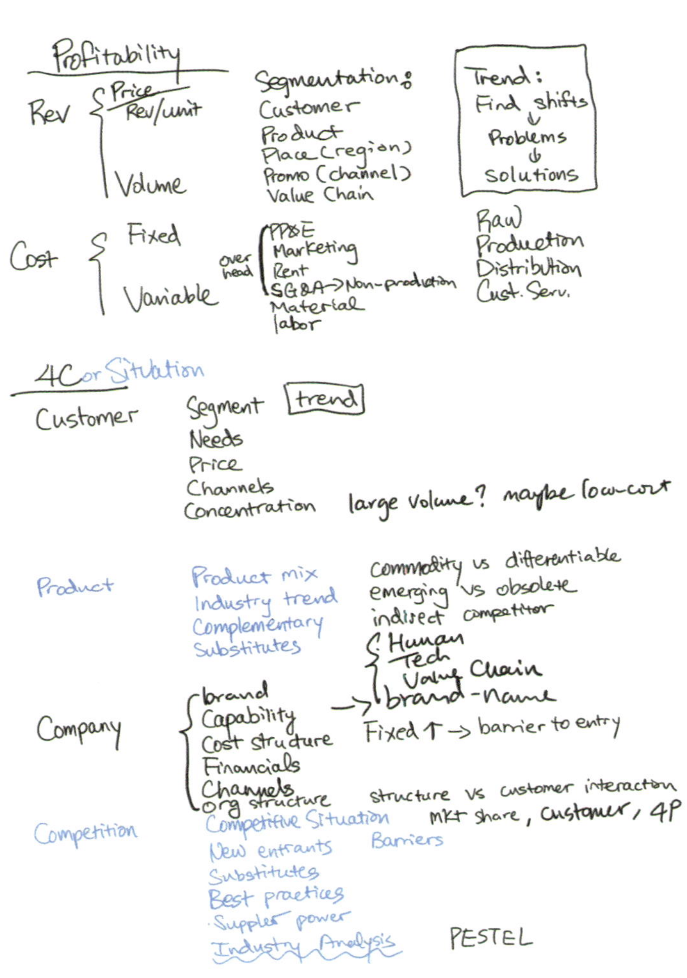
Profitability
Rev
Price
Rev/unit
Volume
Segmentation:
Customer
Product
Place (region)
Promo (channel)
Value Chain
Trend:
Find shifts
Problems
solutions
Cost
Fixed
Variable
over head
PP&E
Marketing
Rent
SG&A → Non-production
Material
labor
Raw
Production
Distribution
Cust. Serv.
4C or Situation
Customer
Segment
trend
Needs
Price
Channels
Concentration
large volume? maybe low-cost
Product
Product mix
Industry trend
Complementary
Substitutes
commodity vs differentiable
emerging vs obsolete
indirect competitor
Human
Tech
Value Chain
brand-name
Company
brand
Capability
Cost structure
Financials
Channels
org structure
Fixed ↑ → barrier to entry
structure vs customer interaction
Competition
Competitive Situation
MKt share, customer, 4P
New entrants
Barriers
Substitutes
Best practices
Supplier power
Industry Analysis
PESTEL

二、跨界杠杆需要创造多元路径

多一个选择，就多一个机会

前文提过一个观点，分析班里排名第 10 左右的学生为什么会在未来发展得更好。有一个浅显的原因是，成绩名列前茅的学生把注意力都放在了学习这条主线路上，而那些成绩不错又有兴趣研究其他方面的学生，花时间、精力尝试了其他不同的路径。

我觉得，这是两种自我实现的路径，第一种专注于一个方向，把某件事情做到极致。像我们班的第一名，后来考上了北京大学，到美国读博士专心做科研。国家需要这样的科研人才，他会有很好的发展前景。第二种是每条路都走，把多元发展走到极致，利用各种领域的杠杆，做非常优秀的复合型人才。

社会学家阿兰·图海纳指出，“劳动既是一种行动，也是一种境遇，是一种把自己的标准取向引向自我的实在性”，随着新兴职业的涌现，比如，剥虾师、收纳师、各种直播博主等，个人价值实现的路径也多元化，选择第二种的人也有很大的发展空间。

所以，我们只要想清楚真正感兴趣的方向，选哪一种生活方式都可以。但不能左右摇摆，两边不靠，因为那样很可能到最后哪条路都走不通。

专注一件事做到极致是个选择，创造多元路径也是一个选择，

无关对错。

我有个同学也是典型的多元路径实践者，他是哈尔滨工业大学的学生会主席，本科读信息工程，学习成绩一直很好，还和室友一起申请了很多发明专利。

他或许不是团队里研发能力最强的，但他却同时拥有出色的市场思维和表达能力。凭借这一点，他代表团队让更多人了解他们的科研成果和应用。他也成了一名在学术、学生工作和科研应用等方面都成绩突出的复合型人才。他既懂科研技术又懂商业市场，出色地利用多元优势为自己增加杠杆。因此，他也从无数优秀的候选人中脱颖而出，拿到了苏世民书院的录取通知书。

好学生，也要有点儿“坏”

我之所以鼓励大家尝试多元路径，是因为随着成长，个人成绩的评价维度会越发多元，因此它需要的能力也会增加。而这些多元的能力储备，无法临时获取，往往需要长时间有意识地培养。

在学生时代，对一个人的评价维度十分单一，通常只以学习成绩高低来评价，好学生几乎等于成绩好的学生。我印象很深的是，初中的时候我们全年级有近千人，每次考试都是按照上一次考试的成绩来安排考场座位，从1号考场到30号考场，一目了然。考完试出成绩，我们都会收到一张A3纸那么大的成绩单，上面详细记录了大家的各科分数、总分和排名，每个个体都仿佛被简化成了一串数字。这也让很多人形成了只要成绩优异就能万事大吉的想法，“不考的知识就不用学”似乎成了通用法则。

然而进入大学乃至进入社会之后，对一个人的评价维度不再是简单的一维。任何一个踏入职场的人都清楚，要想发展得顺利，仅有好成绩是远远不够的，表达能力、沟通能力甚至某些特长与才艺，都可能在人生的某些重要时刻发挥作用。但这些成绩以外的能力无法在毕业之后一蹴而就地获得，而是需要早早地在学生时代就开始锻炼和培养。因此，我们在学生时代既要做一名好学生，拥有好的成绩，也要有一点儿“坏”，发展一些学习以外的能力素养。

那么，到底应该去积累什么样的能力呢？以及怎么区分“为未来做准备”和“不务正业”之间的区别呢？遗憾的是，我并不能给出一个标准答案，因为这个答案因人而异。

我是一个思维方式多元的人，对未来的规划也一直按照多元路径的原则在执行。虽然我很清楚现在短期内成功的一些路径，不一定是未来人生中最重要的路径，但我仍希望自己能趁年轻多尝试不同的路，它们可能会在未来发挥重要的作用。

那些曾经看起来分散精力的选择，其实是在给未来埋下伏笔。所以，我们做有些事的时候，不妨多一些“但行好事，莫问前程”的放松和豁达，从心出发，做好当下。

小节提炼

01

跨界的本质是整合，是融合。通过自身资源的某一特性与其他表面上不相干的资源进行随机的搭配应用，可相互放大资源的价值，甚至可以融合一个完整的独立个体面世。

02

学会运用跨界思维可以帮助我们结合自身优势，开辟一个新领域，变成不能被轻易取代的人。

03

如何获得跨界杠杆：第一，锻炼多元思维，思考要多元。第二，路径多元，对自己人生的规划要多元。

04

花半秒钟就看透事物本质的人，和花一辈子都看不清事物本质的人，注定是截然不同的命运。

05

一个人是否聪明不是由智商决定的，而是取决于思维模型的多样性。

06

多元思维指的是跳出点、线、面的限制，运用不同学科的基础理论从不同角度去思考问题的思维方式。

07

常见的思维模型大致可以分为三类：从经验中总结出的规律、从规律中提炼的方法论、从方法论中发现的基础理论。

08

相比学了什么专业，我们更需要了解的是，所选的学科能培养什么能力，锻炼哪些思维方式。

09

如何建立多元思维：第一点，学习重要学科的重要理论；第二点，学会贯通；第三点，结构化思考；第四点，不断完善；第五点，严格行事，刻意练习。

10

专注一件事做到极致是个选择，创造多元路径也是一个选择，无关对错。

行文至此，我已与你站在了同一起跑线。

在前文中，我总结了过往的人生经验中，经过反复验证，证明切实可行的方法论，毫无保留地将它们分享出来。

此刻，展望未来，经过以往的总结、复盘、再总结、再复盘，我有信心打造一套更加成熟的心智模型，走好接下来的旅程。

如果说人生是一条射线，思维和认知水平决定了射线的起点，认知水平越高，起点就越高。动机和热爱是射线的加速度，加速度越大，我们未来的发展才能越好。这条射线无限延伸，决定了我们需要向更远处看去，而不是局限于眼前的方寸之地。

在最后这部分，我想和大家一起画出这条漂亮的人生射线——重塑思维，锚定人生端点；了解动机，不断加速，追求一直优秀；学会延迟满足，来日方长，大可以从长计议。

请记住，你的征途是星辰大海。

3 PART 升级

做好时间的朋友

破局

杠杆

升级

人生射线

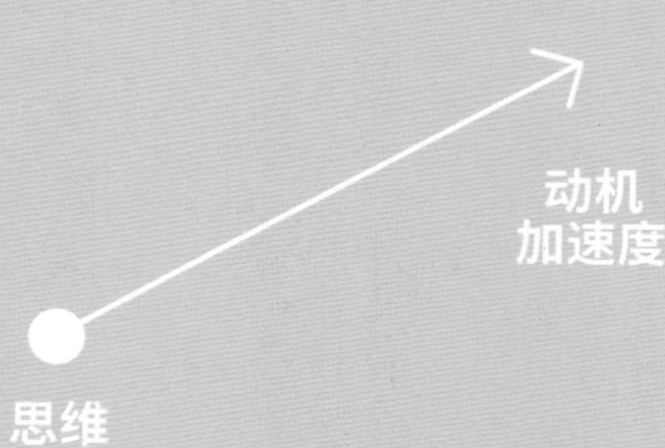

Reshape thinking

第 7 节

重塑思维

跳出思维陷阱

人们常常陷入一些不易察觉的思维陷阱，或在判断某些事情时形成固化的思维模式。这些思维陷阱仿若一堵无形的墙，将我们和真理悄悄隔开，让人在不知不觉中变得故步自封，停滞不前。我曾在一个视频中分享过三个常见的思维陷阱，在此，我做一次更详细的解读。

幸存者偏差

幸存者偏差是指过度关注“幸存了某些经历”的人或事物，忽略那些没有幸存的（可能因为无法观察到），造成错误的结论。

其谬论形式为：通过了幸存过程的个体 A 有特性 B，因此推导出有特性 B 的个体都能通过这个幸存过程，但事实却是很多具备特性 B 的个体因为没有幸存而被忽略了。用俗语来解释就是“死人不会说话”。

其中，最常见的事例是“学历无用论”，有人从马云高考数学只有 1 分、李嘉诚小学毕业、比尔·盖茨连大学都没读完却都能拥有巨额财富这样的事例中，得出读书根本没有用的结论。再加上媒体偶有报道“北大毕业生卖猪肉”“博士毕业工资仅 3000 块”等新闻，更加确信了之前的推论。

但需要注意的是，媒体会争相报道这样的故事，恰恰因为它是个例、是特例、是不可被轻易复制的极端情况。如果“学历低反而能够赚大钱”是社会共识，又如何能够占据头版头条呢？只要稍加思考就能明白，辍学却成为千万富翁，或者拿到博士学位却生活困窘的情况都只是极少数。

类似“读书无用论”这样常见的思维误区，是由于人凭直觉思维判断问题时，习惯性做出主观判断而致。依赖直觉思维，容易造成思维盲视，不要相信所谓“奇迹”，更不要忘记万事“兼听则明，偏听则暗”，只有这样才能消除“幸存者偏差”。

A∩B 幸存者

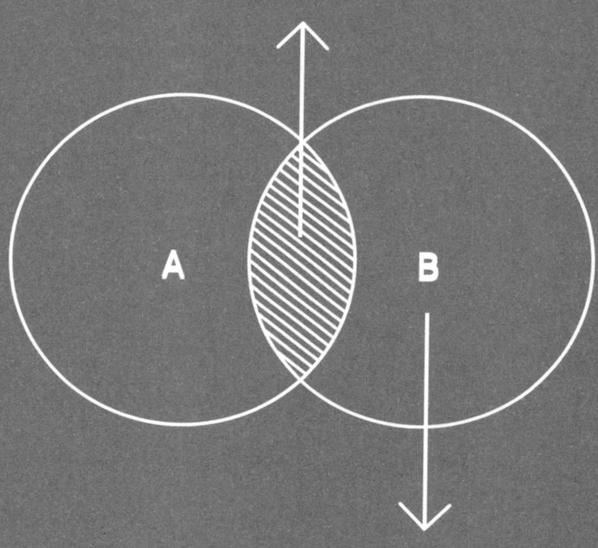

B-A 被忽略的大多数

确认性偏误

确认性偏误是指一旦人们确信一个观点之后，无论是否合乎事实，都会倾向于寻找、关注能支持自己观点的证据和信息，或者把已有的信息尽可能往支持自己观点的方向解释，从而反复确信自己坚信的观点是正确的。

简单来说，就是一个人只相信自己愿意相信的事。当我们内心已经相信一件事情时，每当看到能确认它的新信息，会更加坚定原本的判断。当发现新信息与相信的事无关，便会觉得那是特例。在逻辑学中也被称为"得克萨斯神枪手谬误"。

举个简单的例子，生活中很多人相信星座，不管是当成打开话题的引子还是借此赚钱，他们总在不断分析和总结不同星座的特性——狮子座的人自信霸气，处女座的人挑剔细节，天秤座的人交友广泛等，于是当人们见到一个狮子座的人性格强势的时候便会再次坚信星座描述的准确，然而当遇到性格柔弱的狮子座时，可能会更愿意相信这是一个特例。

对于星座的迷信不仅属于确认性偏误，还涉及另一个心理学现象——**巴纳姆效应**，也叫星相效应。资料显示，1948 年，心理学家伯特伦·福勒通过实验证明，**人们常常认为一种笼统的、一般性的人格描述十分准确地揭示了自己的特点**，所以，当有人用一些普通、含混不清、广泛的形容词来描述他时，人们很容易接受对方说的就是自己。

如果仔细分析那些用于描述某个星座的词语，其实也适用于其他星座，外向、亲和、看似强硬、内心忧虑、抱有一些不切实际的幻想等，简直无往不利。但一个相信星座的人，会持续不断地从过往经历中搜索能暗合自己星座特点的信息，逐一对号入座，然后深信不疑。

确认性偏误常见于感情问题和传统观念，容易导致结论的片面、狭隘，不利于客观、辩证地看待问题。

在信息不断发展的当下，我们还需要警惕因此产生的“**信息茧房**”现象。美国学者凯斯·桑斯坦在其著作《网络共和国》中提及“个人日报”的概念。互联网是开放的，但各个 App 是相对封闭的，都需要各显神通争抢用户的关注，流量就是红利，用户就是战场，而内容平台最有效的武器就是引以为傲的“兴趣算法”，按照用户感兴趣的话题、内容进行定制化推送，比如，平台发现用户喜欢“读书无用论”的内容，就一直推送此类信息，如此“贴心”之举，其目的只是尽可能延长用户的使用时间。但长此以往，只会反复加深确认性偏误，最终导致信息茧房的形成，一叶障目而不自知。

当我们长期禁锢在自己建构的信息茧房中，会慢慢失去了解

不同事物的能力和接触机会，也就无法突破原本的局限，获取认知范围以外的信息，可以预见其结果的严重性。

为了减少确认性偏误，防止出现信息茧房，首先，要保持开放的心态，多关注自己不熟悉的领域，听听不同的声音。其次，不用常规的思维、视角判断一件事，尝试以虚心的态度接纳更多的视角和思路，同时保持客观和理性。

基本归因错误和自我服务偏差

另外两个常犯的错误叫基本归因错误和自我服务偏差。

基本归因错误是社会心理学上的一个概念，指人们解释他人行为时，往往倾向于高估个人的特质和态度等内在因素造成的影响，而低估环境因素的影响。类似于一个人做不好某件事，我们最直接的想法是他或许不够努力，而不是这件事本身很困难。

研究员纳波利坦和戈瑟尔斯，曾邀请威廉姆斯学院一定数量的学生做过一个实验，让他们依次与一名女性交谈，该女性时而热情，时而冷漠。实验前，研究员已告知一半学生，这位女性做出的反应是故意安排的，但结果显示，哪怕提前告知学生们这个情况，他们做判断时也没有考虑该信息。当那位女性表现得很友好时，学生们认为她是个热情的人。如果表现得很冷漠，则认为她是个冷漠的人，还是将问题归因在个人性格上。

那，我们为什么会犯基本归因错误？

归因理论的专家指出，当人们行动时，会被环境支配注意力，当作为观察者，行动的对象会吸引我们的注意力，环境则变得模糊。人们会从自己关注的地方寻找答案，也就造成了基本归因错误。

基本归因错误会让我们无法客观地看待他人，而自我服务偏差会导致我们盲目乐观、高估自己。

自我服务偏差，是指人趋向于把别人的成功和自己的失败归因于外部因素，而把别人的失败和自己的成功归因于内部因素。

生活中也有无数的例子，比如，自己丢了工作是大环境不好，别人丢了工作是能力不行；在考试中取得不错的成绩是天赋异禀，但某一次忽然考差了，就会找一些“昨晚没睡好”“考场空调温度太低”“橡皮擦总掉渣”等理由搪塞过去。

听起来很好笑，事实上无数人前赴后继跌入这样的怪圈，还自鸣得意，毫不自知。因为人一旦陷入这样的认知偏误，往往自我感觉良好，无法清醒地从自身寻找原因，造成虚假认知和错误判断。

我们必须保持警惕，避免陷入这些思维陷阱，时刻不忘调动大脑的思考能力。因为这些思维偏误都跟直觉思维有关。

直觉思维，顾名思义，是人凭借感觉和已有的生活经验，习惯性地做出主观判断。这是一种极为常见的思维模式，不依赖逻辑进行分析、判断，比如，下雨天要带伞，降温了要添衣，天黑了要开灯等，不用经过大脑仔细思考，而过分依赖直觉判断，就容易陷入思维局限，失去对事物本质的掌握。

凡事思考本质

马斯克与第一性原理

我曾有幸作为苏世民书院2017级新生开学典礼的学生代表上台讲话，当时，埃隆·马斯克先生发来了一段祝贺视频，鼓励我们成为未来世界的塑造者。而他本人，已经先于我们成了那个为人类塑造未来世界雏形的人。

埃隆·马斯克是我非常敬佩的企业家，他拥有极强的创造力和执行力，在大学时期就开始深入关注互联网、清洁能源和空间探索这三个领域，之后依次进入，并成功创造出了影响无数人生活的PayPal、Tesla和SpaceX。

时至今日，PayPal是世界上最大的网络支付平台，比曾经主流的支票支付便捷数倍；Tesla是全世界最畅销的纯电动汽车，

特斯拉创始人埃隆·马斯克在苏世民书院
2017 级新生开学典礼上发来的祝贺视频

甚至改变了汽车行业未来的趋势；Space X 则成为航空航天业最稳定的运营商，完成了私人公司发射火箭的壮举。

2016年，我还在美国读本科，我记得Tesla的股价是40美金，2021年，它的股价已经变成了880美金，涨了20多倍。而10年前，马斯克刚刚创立 Tesla 的时候，股价只有 4 美金，也就是说，他在 10 年间让 Tesla 的价值翻了 200 倍。

但我们不难发现，不管是积累巨额财富，还是私人公司建造火箭，都与他梦想中的“火星移民计划”息息相关，他在一步步靠近自己的梦想。那么，埃隆·马斯克是如何做到这些事情的？我觉得这和他善于运用物理学的**第一性原理**有关。

几年前，埃隆·马斯克参加清华管理全球论坛时，曾和清华经管学院院长钱颖一进行了长达两个小时的对谈。其间，钱颖一教授问他，为什么物理学第一性原理那么重要，对他的生活方式、思考方式产生了哪些影响。

马斯克侃侃而谈，认真解答自己对物理学第一性原理的理解。他说：“物理为理解那些和直觉相悖的新鲜事物提供了一个最好的框架，比如，量子力学就是违背直觉的，实际运动规律与人的感觉正好相反，但可以通过实验精确地验证。物理学之所以能在这些违背直觉的领域取得进展，就是因为它将事物拆分到最基本的单元，然后从那里向上推理。”

“第一性原理的思考方式，是用物理学的角度去看世界，一层一层拨开事物的表象，看到里面的本质，再从本质一层一层往上来走。”马斯克认为这一点非常重要，甚至是唯一有效地了解新事物和探索未知领域的方法。

拆解实现步骤，逐步完成

埃隆·马斯克认定了“火星移民计划”，那他需要拥有能飞往火星的火箭，才能将人类送往火星。很多人听到造火箭的第一反应是：太难了！感觉只有国家才有能力耗费巨额资金、吸纳优秀人才制造火箭探索太空。

在创立 Space X 之前，马斯克从未接触过火箭发射。

根据第一性原理的指导，他先是从朋友那里借来了《火箭推进原理》《燃气涡轮和火箭推进的空气动力学》等和火箭与推进器相关的专业书籍，在最短时间内将这些知识消化吸收，找到火箭研发的几个关键步骤、原理等，然后寻找这方面的专业人才来帮助自己，坚持奉行一定要解决事物最基本的问题。

然后，了解到造火箭需要哪些零件，每个零件多少钱，在计算后得出制造火箭的成本。所以，我们看到马斯克在用其他公司赚到的钱支持、推动火箭的研发。

也许在有些人看来，用物理学第一性原理解决问题，看起来过于极端或过于天真，因为它暴力地消解了现实的复杂性，用最直接的方式看待问题，如剃刀般锋利，简化目标，直取本质。一如马斯克认为的，**假使一件事情在物理上是可能的，那就一定可以实现。如果中间卡壳了，也只能是被某个物理上的局限堵死了，我们要做的就是破除那个局限，一步步抵达结果。**

这种凡事从本质上开始思考，从本质往回推演的思考方式，让他做出了世界上第一辆电动汽车、第一艘可重复使用的火箭。

我在创业过程中也有类似的感受，**把原本想象中很复杂的事拆解成一件又一件自己能完成的小事，会变得简单易行得多。**

植物基乳品是一个新兴产品，市场上这个类型的产品还很少，对研发和供应链方面的人才要求比较高，而我负责这方面的工作。在此之前，我需要全方位了解这两个领域的内容，和马斯克研究火箭所用的方法一样，我把这件事拆解到一个又一个最小的颗粒，那些最小的颗粒就是我可以去执行的部分。

我找到市场上最成功的植物奶产品，把它的厂商作为对标品牌。然后倒推制作一款产品的步骤：倒数第一步，把植物奶灌装到瓶子里；倒数第二步，知道如何做成植物奶，寻找合适的配方，配方中有不同的配料，可能包括植物原料、水、植物油、稳定乳化剂等；倒数第三步，这些配料分别来自哪里，寻找优质的供应商，然后从供应商那里了解工艺。

当我做完这些知识储备，再去招聘研发、供应链方面的人才时，就能做到有的放矢。事实证明，这的确是一个需要多年工作经验的领域，后来加入我们团队的小伙伴都比我的行业经验更丰富。我印象很深的是面试的第一位供应链专家，他在加入我们团队之后向我坦言：他在面试之前，对我们团队抱有强烈的怀疑，因为整个团队并没有相关行业的经验，但在我分享完对研发、生产、供应链的理解后，他发现我作为一个“外行”也对这方面的内容非常了解，尤其在燕麦奶这个细分领域可能比他还有研究，于是对团队信心大增，最终决定加入我们。

我觉得这就是**第一性原理的魅力，能够帮助我们一步一步从源头解决问题。**

反直觉，打破从众效应

埃隆·马斯克指出，**一个人要想真正有创意，就要从第一性原理出发思考问题，把所有事情推至事物的本源，这样才能变得有独创性，**否则还是在类比推理的基础上做改变。

但生活中，人们习惯使用不太需要动脑筋的**类比推理**解决问题，**沉溺于类比推理会无法了解事物真相，也就无法进行有效改**

造。而且人容易陷入从众效应，看到别人做什么，自己也要跟着做。

那么该如何打破从众效应？依旧运用物理上**反直觉思维方式**，直指核心，回到问题的源头，从一开始就想清楚自己真正想做的是什么。

埃隆·马斯克最初的创业领域是互联网，自然明白互联网公司的增长速度有多快，价值增长有多高，可他这一路还是坚定地选择做电动汽车、太阳能、火箭。哪怕这几个领域在当时不被看好，他也没有改变初衷。因为在此之前，马斯克思考过自己一生要奋斗的目标——改变人类的未来，希望将人类送上火星。

也因此，他的使命、愿景都逐渐明确，哪怕其间经历了多次失败、濒临破产甚至被无数人嘲笑也坚定不移，不曾放弃。提及使命、愿景、价值观，或许大家脑海中会浮现出各个企业官网上的口号。其实，把这三点放到思考个体的人生发展上同样适用。

企业层面的使命，是为什么要做这家公司，要明确动力和初心。愿景回答的问题是，想把公司做成什么样子，可以是创造巨大的财富成为世界 500 强，也可以是百年企业造福人类。而价值观是做事遵循的法则。

同样地，**一个人的愿景是自己想要成为什么样的人，使命是为什么要成为这样的人，价值观是指引我们成为理想的自己的行为准则。**一个人的使命感源于想清楚自己要如何度过这一生，如同《钢铁是怎样炼成的》中保尔·柯察金所寻找到的那样：“人的一生应当这样度过：当他回首往事时，不因碌碌无为、虚度年华而悔恨，不会因为为人卑劣、生活庸俗而羞愧。这样，在临终的时候，他能够说，我已把整个生命和全部的精力都献给了世界上最宝贵的事业——为人类的解放而奋斗。”

不过，每个人的追求不同，使命也不同，有人希望活得开心，有人想获得世人的认可和瞩目，还有人想像马斯克一样创造价值，通过个人努力改变世界。

不同的使命决定了不同的愿景，清晰的愿景可以指引每个人前行，而价值观便是实现愿景的方式。

比如，有些人的愿景是希望自己在60岁时成为有影响力的人，那他在面对众多人生抉择时，判断依据就不能是享受、快乐优先，最先考虑的应该是如何扩大自己的影响力。有些人想要获得财富自由，那他在工作时必须非常努力，在遇到每一个跳板，每一次能够改变目前收益的机会时，都想尽办法抓住。

因为我们拥有坚定的使命、愿景、价值观，那么在实现它们的路上，就不会轻易改变，自然能避免随波逐流，人云亦云。

承认自己无知

在底层思维里，除了第一性原理，认识到自己认知的局限性同样重要。很多人由于过于短视，选择短期利益做出错误决策，究其根本也是因为个人的认知局限。我们强调个人成长和进步，其实提升的是认知水平，就像我在前文鼓励大家去更好的平台、结交更优秀的人，也是希望通过这个方法受到熏陶提升认知。

行检同一法，己错不能查

之前我提到曾经参加过池宇峰先生的讲座，他与我们分享了自己的创业经验。我深受启发，分享结束后我迫不及待地上台和他进行了深入的交流。

他提到在这个鼓励创业的时代，创业者不仅需要创新意识，还应该关注自身的成长与发展。他从自己创业20余年的成功实践中总结出一条经验——**“行检同一法，己错不能查”**，行是指行为、决策，检是检查，也就是说**当我们做出决策和用于检查的是同一套思考方法，很难从中找出错误，**大部分创业者都因此失败。

池宇峰称之为**“自查无错”陷阱**，也是一种认知上的误区。其实，只要察觉到自己存在这样的问题，很容易想办法避免。

第一，**行动和自检使用两种经验体系**，避免使用相同的路径去检验得出的结论。这类似于我们做数学试卷最后检验时，会用另一种解法验证之前的答案是否正确，或者应该从后往前检查，避免陷入和做题时相同的思路。

第二，拥有竞争意识，**自查无错的克星是竞争，**“当看到竞争对手表现得更好时，你立刻就能意识到自己的方法是错误的或者低效的。个人犯错可能导致自己失去机遇，企业领导者犯错可能会导致企业倒闭，军事将领犯错则可能会牺牲许多生命。人们只有在竞争带来了惨痛的代价之后，才会意识到自己陷入自查无错的误区。”通俗来讲，是明白自己的不足和无知，懂得向他人学习，时刻提醒自己还有更好的解决方案，这也是逼迫自己提升认知的方法。

完美世界创始人池宇峰先生在清华苏世民书院演讲

认知的四个阶段

我认为每个人的认知主要有四个阶段，分别是：

第一个阶段，知道自己知道；

第二个阶段，知道自己不知道；

第三个阶段，不知道自己知道；

第四个阶段，不知道自己不知道。

在此，我想强调的是，对应四个不同阶段应该找到自己清晰的定位，并且尽快从当前阶段进入下一个阶段，这样才能不断提升自己的认知水平。

知道自己知道

或者说“自以为自己知道”，**身处知道自己知道的阶段，一知半解却又极度自信，因为看不到“大”而不知道自己的“小”，因为看不到“全”而不知道自己的“窄”**，很容易一瓶不满、半瓶晃荡，愚昧而不自知。

我初中经历过这个阶段，那时候，刚学到一些知识，看过一些书，听了一些道理，也取得了小小的成绩，初生牛犊不怕虎，以为自己掌握了世间所有的道理，过于自信，有点儿年少轻狂。

认知的 4 个阶段

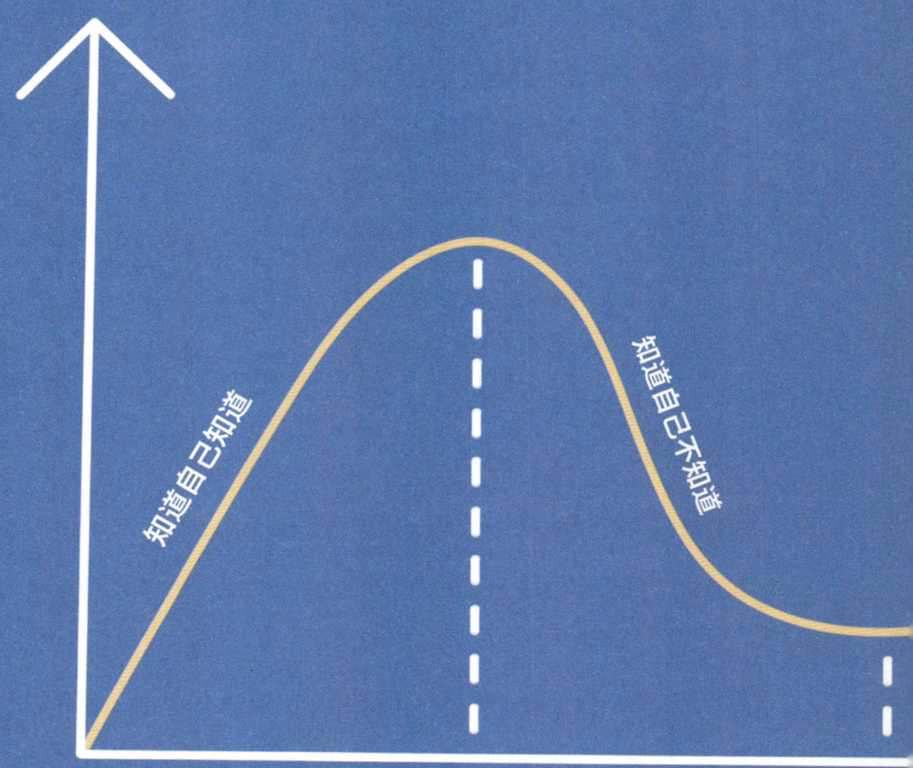

不知道自己不知道

不知道自己知道

据我的观察，这样的情况更容易出现在一些天资优质的人身上，他们不曾在成长路上受过挫折，容易因为一些小小的成就沾沾自喜，之后长期停留在这个认知阶段，对未来发展十分不利。就像初中语文课本上的那篇《伤仲永》，五岁可作诗，堪称天才的仲永，因为停止了后天的学习，只是短短几年时间便“泯然众人矣”。

知道自己不知道

等摔了几次跟头后，才慢慢发现原来自己还有很多东西是不知道的，逐渐发现自身的不足，于是开始进入下一个阶段的学习。

一个人的成熟是从他意识到自己的认知有局限开始的。如果想尽快进入这个阶段，我们必须保持谦逊的态度和求知若渴的心态，避免自负和自满。当我们意识到其实大部分人都是普通人，而自己也只是一个普通人，必须勤奋努力才能脱颖而出时，才算踏入了这一个阶段。

越早进入第二阶段，越能提前开悟。因为知道自己不知道，是主动吸收知识，虚心向他人请教，并补足认知缺陷的开始。

“知道自己不知道”“承认自己很普通”都是一种能力，甚至是一种竞争力，当一个人愿意沉下心倾听别人的建议，吸取他人的经验，并认真思考这些内容是否合理，寻找自己和他人的差异，一定可以在这个过程中迅速提升自己。

不知道自己知道

当一个人发愤图强疯狂吸收了许多知识，但一味贪多而不能内化，这样的勤奋是低效的。而且因为学习的知识不成体系，很可能会出现逻辑不清、内容重复、张冠李戴等问题。并且，对所学的知识不能灵活运用，就不算掌握了知识。就像考试的时候拿到了一道数学题，难道我们能将所有学过的数学公式都代入尝试，来得出正确答案吗？

我认为这样如同海绵一般获取新知识的阶段是必要的，只有经历无序才会走到有序。慢慢地，我们应该对自己提出更高的要求，即学会如何学习。**学习要有章法可循，通过总结和提炼来将新内容纳入完整的知识架构，才能把知识完全内化成自己的一部分。**

不知道自己不知道

《论语·为政》篇有句话叫“子曰：‘由，诲女知之乎？知之为知之，不知为不知，是知也。’”翻译成白话就是，孔子说：“仲由，我教给你的知识学会了吗？知道就是知道，不知道就是不知道，才是真正的智慧啊！”

当我们跨越了第三个阶段，每学习一个新知识点，都可以放入自己的知识架构中，同时也知道，自己还有不知道的东西，保持终身学习的心态，不断探索知识的边界，这就是进入了最后一个阶段——“不知道自己不知道”。

我们始终要敬畏未知，因为这个世界上一定有自己尚未接触的领域。仰观宇宙之大，俯察品类之盛，作为普通人，生活中的人生经验、社会变化、做事方法等，都需要不断更新和改进，所以，保持学习、提升的状态，持续拓展自己的认知边界，不断尝试扩大自己的认知范围，是一件十分重要的事，**“怕什么真理无穷，进一寸有一寸的欢喜”。**

两种底层思维

大脑是人体最重要也最神秘的器官，人类对它的研究从未停止。

美国心理生物学家，诺贝尔生理学及医学奖获得者罗杰·W.斯佩里和团队曾通过割裂脑实验，证实了大脑不对称的“左右脑分工理论”，就此揭开了大脑两半球的秘密，证明大脑两半球的功能具有显著差异，并提出了“双脑论”。

其中一个重要观点是：“大脑两半球在机能上有分工，左半球感受并控制右边的身体，右半球感受并控制左边的身体。这两个半球以完全不同的方式进行思考，左脑善于掌握、运用概念进行逻辑推理和判定分析，即对语言、数字、逻辑等信息敏感，偏向用语言、逻辑性进行思考，可以说左脑是意识脑，是理性思维。而右脑是本能脑，擅长感性思维，善于掌握图形、感觉，具有鉴赏绘画、音乐等能力，具有形象思维、空间想象、创造力等。”这个发现让人类对大脑结构机能有了崭新的认识。

同样获得过诺贝尔奖的思想家、心理学家丹尼尔·卡内曼，在《思考，快与慢》这本书中，展现了人类对判断、决策的研究和理解，他用两个因素来描述人的思维活动，即**系统 1 和系统 2**，分别对应快思考和慢思考。

丹尼尔·卡尼曼指出，**系统 1 是无意识运作，不用怎么费脑力就能快速做出判断**，完全处于自主控制状态，当我们看到一张大熊猫图案的明信片，就会迅速确定熊猫的数量、体形、毛发颜色，我们还可以根据它的行为动作推测一下这是什么情况下拍摄的，也能想象拍摄地点可能是动物园或大熊猫保护基地。没有人来说明或描述，但我们第一时间就会产生这些想法，能够对看到的事物做出连贯的解释。

除此之外，快思考的例子还有很多，比如，看到“2+2”就知道等于 4；在马路上听到汽车鸣笛，会不自觉地躲闪；出门遇到水坑，则直接想办法跳过。这些都是直觉判断，由大脑生理机能上的分工不同，可以判断系统 1 受右脑影响。

大脑的 2 个系统

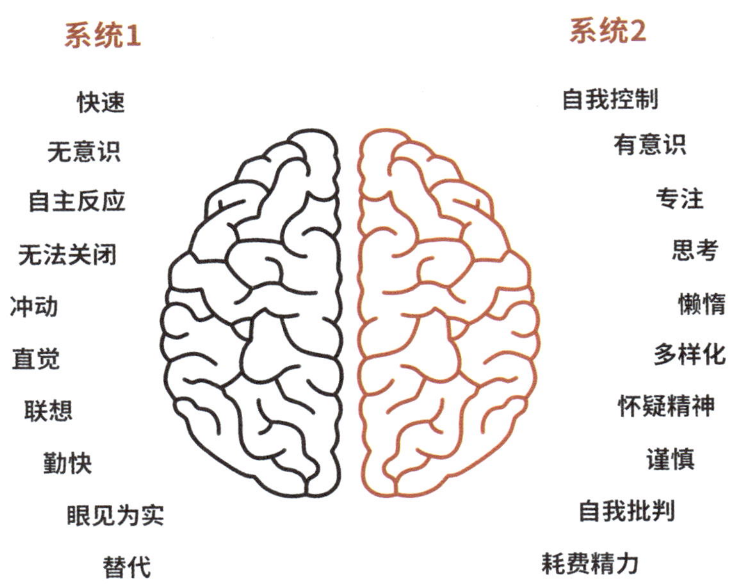
系统1
快速
无意识
自主反应
无法关闭
冲动
直觉
联想
勤快
眼见为实
替代
系统2
自我控制
有意识
专注
思考
懒惰
多样化
怀疑精神
谨慎
自我批判
耗费精力

而**系统 2 受控制运作，会将注意力转移到需要费脑力的大脑活动上来**，所以说，按部就班的运算过程是慢思考。

以运算一道题为例，我们拿到算术题的第一反应，其实是先回顾自己曾经所学的相关内容，根据已有的知识来计算，加减乘除都是如此，它是思考、验证后的结果。

因此，我们说系统 2 的运行通常与行为、选择和专注等主观体验相关联，是由左脑发出的控制信号。就像在繁忙的火车站等人时，你会刻意按照某种特征去找他，比如穿着白色的衣服、短发，这样即便隔着一段距离你也能发现自己要等的人。

通常情况下，我们在遇到问题时会运用系统 1 解决眼前的问题，但当系统 1 无法顺利运行时，大脑就会向系统 2 发出信号，寻求帮助。两者可以协同工作，有分工也有互助。

有意思的是，这两种系统在实际应用中还可以分成——直觉和逻辑、归纳和演绎的特点，东西方思维差异也是其中的一个显著表现。

直觉和逻辑

使用系统 1 的思维方式，最明显的优点是能依靠直觉快速做出判断。当我们遇到不熟悉的情况，但发现自己曾做过类似的事，就能快速根据经验找出处理方法，但这么做的结果不一定正确。

这类似于一个想买股票的人发现某家公司过去 3 个月或过去 10 年的股票都在上涨，就凭直觉判断明天这只股票也会继续涨。这样的决策很快。但他没有想清楚股票上涨背后的本质是什么——股票上涨代表着这家公司的价值上涨，同时，股票的价值受企业利润、业务拓展、成本等因素影响。因此我们要做的是对目标企业的业务进行分析，才有可能判断出之后的走势。

当我们认真分析时，就用到了系统 2，这种更为理性的逻辑思维方式。

价值投资，最基本的策略是利用股市中价格与价值的背离，以低于股票内在价值的价格买入股票，在股价上涨后，以相当于或高于价值的价格卖出，从而获取超额利润。大家熟知的“股神”沃伦·巴菲特就是依据这个方式来选择股票。他会先评估准备买入企业股票的价值，然后与股票市场价格进行比较，确认有升值空间后长期持有，不管股票市场如何风云变幻，他都坚定自己的选择，等待投资的股票回归它本身的价值。

归纳和演绎

归纳法指的是由局部现象到全局理论的推理，人们先获得信息，从中发现规律，从而推导得出一个理论。

举个简单的例子，我们都知道“太阳从东方升起”，但是这个结论是如何得出的呢？除了在父母长辈的教育和课本上习得之外，更多的是我们在日常生活中观察到了具有极高相似性的**现象**：

第一天，太阳从东方升起了；

第二天，太阳从东方升起了；

…………

第 N 天，太阳从东方升起了……

我们从大量相似的太阳升起的现象中找到一个**规律**“太阳总是会从东方升起”，于是推导形成一个有关太阳升起的**理论**。这是用归纳思维来思考问题和解决问题，是典型的系统 1 的思考方式。

然而这种归纳法的推理并不总是正确的，因为我们无法保证穷举所有的现象都是一致的，有可能出现并未被归纳推导出的结论所涵盖的额外现象。

演绎法指的是一种解释验证已有理论的方法，人们先提出理

论，之后通过观察现象再次验证理论。相比归纳法，演绎推理中推论的前提与结论之间存在必然联系，是一种确实性推理。或者说，如果前提是正确的，那么结论一定是正确的。

亚里士多德在其著作《逻辑学》中提出过一个经典的三段论逻辑——“所有人都会死，苏格拉底是人，所以苏格拉底必定会死”。我们对它进行一个拆解：

理论：所有人都会死。

观察：苏格拉底是人。

验证：确认苏格拉底必定会死。

这是典型的演绎推理，这个演绎的过程属于系统 2 思考的范畴。

归纳思维和演绎思维是两种常见的思维方式，需要注意的是，其实每个人的大脑中都有这两种思维，只不过因为教育经历、成长背景不同，所依赖的思维方式不同罢了。

东西方思维差异

我在书院读书时，彭凯平教授在心理学课上总结过东西方文化背景会如何影响人们的思维方式，比如，东方人的思维偏直觉、归纳、大局，即系统 1；西方人的思维偏逻辑、演绎、细节，即系统 2。

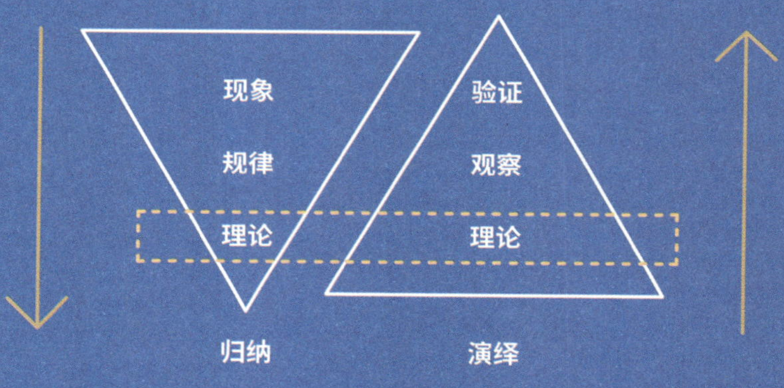
现象
规律
理论
归纳
验证
观察
理论
演绎

有一个实验是让 5 个亚洲学生和 5 个西方学生根据同一个要求各自画一幅画，当所有人画完之后发现：亚洲学生作品里的人物都很小，就像我们熟悉的山水画，不凸显个体，更追求整体的意境；而西方人的画作以人物为主，主要展现个体的样貌。其实，如果回顾西方艺术史也很容易发现这一点，诸如闻名世界的画作《蒙娜丽莎》《戴珍珠耳环的少女》《吹笛少年》等，很多都是个体占据整幅画作。这体现了东西方思维方式上的区别。

再比如中医和西医的对比，西医是典型的头痛医头脚痛医脚，对具体的病灶进行精准诊疗，使用对症的药物来治疗。而中医则是讲求阴阳相生相克，牵一发而动全身，病灶不过是身体整个系统机能出现问题的外在表现，单纯消除病灶是治标不治本。中医讲究改善气血，当身体素质整体改善，局部病灶自然就消失了。

但这不意味着东西方思维方式是割裂或对立的，西方人会有东方人的思维，东方人也会有西方人的思维，只是每个人倾向有所不同。

从过往的历史可以看出，系统 1 主导的思维不容易突破和创新。比如，中国人很早发明了火药，但在火器的使用上落后于欧洲，究其原因在于中国缺乏公理化方法，在逻辑思辨上没有西方那么规范化，所以对火药的运用只能局限于鞭炮这一种使用场景。

看似风马牛不相及的鞭炮和火器，其底层逻辑却是相通的。我们不妨设想一下，如果当时的中国人就能够将这种现象总结为“将多种物质按比例混合，再以火引燃就可发生爆炸”，再通过不断调整各物质比例，得到爆炸性最强的方案，那么这个方案就可以被称为“公式”，它可以被应用到其他任何和爆炸相关的场景中。公式之所以被称为公式，就是因其具有普适性。

如我前面所说，东方人偏于归纳思维，其优势是能快速做出判断，但不可“迁移”。真正可迁移的思维需要从 A 现象总结出 B 理论，再应用到 C、D、E 等场景，从而使得这个基础理论可以打破不同应用之间的隔阂。其好处在于当你掌握了一个理论，它就像一把万能钥匙，可以触类旁通，解决其他场景中的问题。

当然，这并不意味着系统 2 没有丝毫缺陷，在大部分的情况下，系统 2 的严谨、准确是以牺牲效率为前提的，在既可以用系统 1 又可以用系统 2 解决的问题上，这一点尤为突出。比如在计算 2×4 这样的题目时，我们既可以用小学就熟背的 99 乘法口诀表快速说出答案（系统 1），又可以根据乘法的本质，用 2+2+2+2 来推导出答案（系统 2），我相信绝大多数人都会采用系统 1 来解决问题。

而且，结合我们的日常生活经验来看，我们往往用系统 1 的频率要远高于系统 2，这是因为人的意志力并不是恒定的，随着

迁移模型

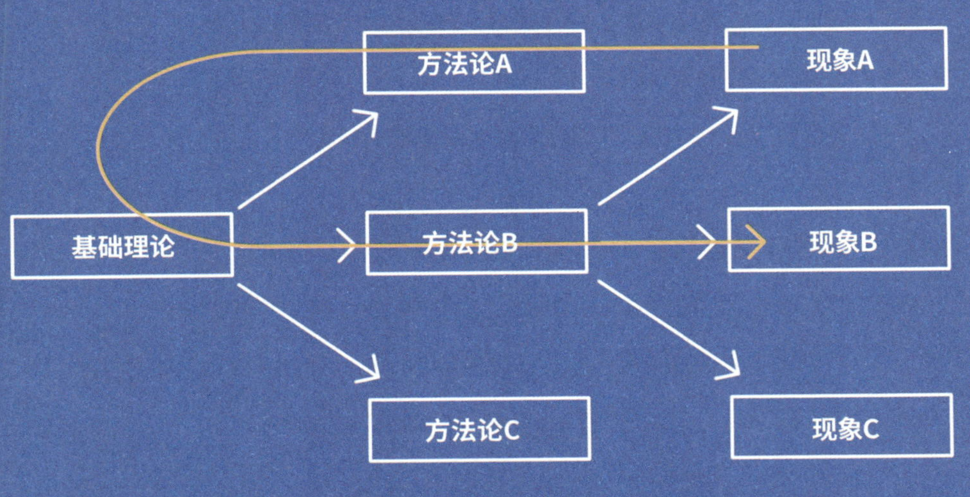

方法论A
现象A
基础理论
方法论B
现象B
方法论C
现象C

迁移路径

系统 2 使用强度的增加，高度集中的注意力会渐渐衰退下来。这一点注定了系统 2 的使用频率不会过高。

同时，越厉害的人，系统 1 就越强大。这一点尤其能从体育竞技上反映出来。顶级的运动员必须通过反复的训练，形成肌肉记忆，也就是将系统 1 提升到常人难以企及的高度，比如乒乓球运动员不可能先观察对方的出球轨迹，再通过系统 2 进行运算，然后去挥拍，他们必须通过系统 1 来直接给出答案。

随着社会的发展和人们对自我认识的深入，当我们已经意识到了某一种思维方式上的欠缺，可以有意识地强化和训练自己。中西结合效果会更好，东方人习惯使用系统 1 的归纳思维，那我们可以多练习使用系统 2 的逻辑、演绎思维，对西方人而言，反之亦然。善用两种思维模式，以不变应万变。

扣动人生扳机

不管你此时正在读书还是刚刚毕业，当我们开始努力的那一刻，就扣动了人生射线的扳机，这个起点也可以就是此时此刻。而开启这条射线时会有一个初始速度，我们奋斗的动力就是初始速度的关键。

找到内生动力

我觉得人的动力可以分为两种，**一种是内生动力，属于一级动力，明白自己想要什么，愿意主动探索世界。**因为内生动力是行为机制的原动力，既是一个人认识世界、勇于实践、实现自我发展的精神追求，也驱动着我们不断获取知识、探求真理、创业创新的自觉意志和行为。

另一种是外在动力，属于二级动力，是一种由外界施加的推力，比如，父母的期待、物质方面的奖励、环境的不断变化等，人在被动满足以上需求，驱动性较之内生动力会差一些。

内生动力和外在动力之间的关系并非相辅相成，而是有可能此消彼长。如果一个人的动力全部来自外界，那么，他很有可能失去自己真正想努力的动力。因此两种动力共同决定了两种人生射线的初始速度，内生动力的初始速度更快，外在动力则要慢一些。

一流的学生，一开始就知道自己为何学习，怎么做才能进步，他们会主动寻找适合自己的方法。因为学习方法到处都有，但真正能激发一个人好好学习的只有自己。

而二流的学生要依靠外部的激励，他努力取得好成绩，不是自己渴望，是希望家长能兑现之前许诺的玩具、球鞋等奖励。这种非自驱的动力，缺乏持久性，效率也偏低。

三流的学生，学习情况最差，他们本身不爱学习，家长也不会适当激励，最终选择报培训班或自己花时间辅导这样的笨方法，导致孩子和家长都很痛苦。

商业层面这类案例也很多。比如，企业招聘的时候就有一种说法，一流公司招人，二流公司激励，三流公司培训。意思很明显，最厉害的公司会找到最合适的人，让这些自驱力极强的人才完成工作；二流的公司招不到非常优秀的人，这些人自驱力不够强，但公司有相应的激励机制，设定目标鼓励他们完成任务；三流公司的员工，就算设置激励也无法调动他们的积极性，所以要用培训的方式教员工完成任务。

这也反映了内生动力和外在动力对一个人学习、工作的影响。我之前直播的时候，总有同学问我怎样才能提升成绩，能不能分享一些好的学习方法。我往往不会直接回答这些问题，而是一遍遍地告诉大家为什么要学习。我认为**教授具体方法只是授人以鱼，**通过分享自己的思考和故事**让大家意识到内生动力对个人产生的巨大作用才是授人以渔。**当我们找到自己努力的内在动力之后，很多当下困扰自己的问题就能迎刃而解。

一个人真正想要的东西就是他的内在动力。它可以是巨大的精神价值，想让更多人认可自己；也可以是财富的积累，获得物质上的享受。我觉得，两者之间没有好坏之分，全由个人选择。**只要真正渴求，就能产生源源不断的动力。**

热爱你的热爱

世界著名实业家稻盛和夫先生曾说过，“只要具备燃烧般炽烈的热情，几乎什么事情都可以做成。即使自己能力不够，但只要具备热情，就可以把有能力的人聚集到自己的周围。即使没有资金、没有设备，但只要你满腔热情诉说自己的梦想，就会有人出来响应。热情是成功的源泉。”

这是人生智慧，也是经验之谈。

在很多人眼中，稻盛和夫早已经成为商业上的传奇。

他 27 岁创办京瓷，52 岁又涉足通信领域，创办 KDDI，两者都是世界 500 强企业，他还在日本航空申请破产后临危受命担任日航董事长，进行“重建计划”，短短一年时间，就创造了日航历史上空前的1884 亿日元的利润。明明三家公司的业务不同、产业不同，需要调整和推动的内容也不相同，但稻盛和夫都经营得很成功，因为对他来说：热爱的不是某一个领域，而是工作本身。

所以说，热爱的力量超出许多人的想象，它可以让我们脚踏实地、孜孜以求，有耐心和毅力做好每一件与之有关的小事，至于结果如何，并不影响想要付出的初心。

对于如何判断自己是否热爱一件事，心理学里有一个定律叫

不值得定律，意思很简单，就是**不值得做的事情就不值得去做。**

它反映出人们的一种心理，就是如果一个人所做的事情是他认为不值得做的，没有内在动力的，那他往往会保持敷衍了事的态度。他总会反反复复去找问题、找借口。这样做事的成功率很低，就算能侥幸成功，也不会拥有太多成就感。相反，**如果我们在做一件自己感兴趣的事，可能明知道很困难，也会一往无前，竭尽全力去做好。这就是热爱的力量。**

我曾经在遇到作家刘同时问过他一个问题："你的写作还会坚持多久？"他告诉我："一直。"他说这是因为他一直提着一口"气"，不需要任何人的督促，他都愿意一直坚持下去。我想，这口"气"就是他对写作的热爱。

找到自己的热爱，确定自己的真实想法，然后朝着那个方向努力，不管别人说什么，不要受其影响。

听从己心，无问西东。

小节提炼

01

幸存者偏差：是指过度关注“幸存了某些经历”的人或事物，忽略那些没有幸存的（可能因为无法观察到），造成错误的结论。

02

确认性偏误：是指一旦人们确信一个观点之后，无论是否合乎事实，都会倾向于寻找、关注能支持自己观点的证据和信息，或者把已有的信息尽可能往支持自己观点的方向解释，从而反复确信自己坚信的观点是正确的。

03

巴纳姆效应：人们常常认为一种笼统的、一般性的人格描述十分准确地揭示了自己的特点。

04

信息茧房：当我们长期禁锢在自己建构的信息茧房中，会慢慢失去了解不同事物的能力和接触机会，也就无法突破原本的局限，获取认知范围以外的信息，可以预见其结果的严重性。

05

基本归因错误：社会心理学上的一个概念，指人们解释他人行为时，往往倾向于高估个人的特质和态度等内在因素造成的影响，而低估环境因素的影响。

06

自我服务偏差：是指人趋向于把别人的成功和自己的失败归因于外部因素，而把别人的失败和自己的成功归因于内部因素。

07

第一性原理的思考方式，是用物理学的角度去看世界，一层一层拨开事物的表象，看到里面的本质，再从本质一层一层往上来走。

08

假使一件事情在物理上是可能的，那就一定可以实现。如果中间卡壳了，也只能是被某个物理上的局限堵死了，我们要做的就是破除那个局限，一步步抵达结果。

09

把原本想象中很复杂的事拆解成一件又一件自己能完成的小事，会变得简单易行得多。

10

第一性原理能够帮助我们一步一步从源头解决问题。

11

一个人要想真正有创意，就要从第一性原理出发思考问题，把所有事情推至事物的本源，这样才能变得有独创性。

12

沉溺于类比推理会无法了解事物真相，也就无法进行有效改造。想要打破从众效应需要运用反直觉思维方式，直指核心，回到问题的源头。

13

一个人的愿景是自己想要成为什么样的人，使命是为什么要成为这样的人，价值观是指引我们成为理想的自己的行为准则。

14

不同的使命决定了不同的愿景，清晰的愿景可以指引每个人前行，而价值观便是实现愿景的方式。

15

我们拥有坚定的使命、愿景、价值观，那么在实现它们的路上，就不会轻易改变，自然能避免随波逐流，人云亦云。

16

行检同一法，己错不能查：当我们做出决策和用于检查的是同一套思考方法，很难从中找出错误。

17

如何避免“自查无错”陷阱：第一，行动和自检使用两种经验体系；第二，拥有竞争意识，自查无错的克星是竞争。

18

每个人的认知主要有四个阶段，分别是：

第一个阶段，知道自己知道；

第二个阶段，知道自己不知道；

第三个阶段，不知道自己知道；

第四个阶段，不知道自己不知道。

19

身处“知道自己知道”的阶段，一知半解却又极度自信，因为看不到“大”而不知道自己的“小”，因为看不到“全”而不知道自己的“窄”。

20

一个人的成熟是从他意识到自己的认知有局限开始的，越早进入“知道自己不知道”的阶段，越能提前开悟。

21

学习要有章法可循，通过总结和提炼来将新内容纳入完整的知识架构，才能把知识完全内化成自己的一部分。

22

我们始终要敬畏未知，因为这个世界上一定有自己尚未接触的领域。

23

怕什么真理无穷，进一寸有一寸的欢喜。

24

系统 1 是无意识运作，不用怎么费脑力就能快速做出判断；系统 2 受控制运作，会将注意力转移到需要费脑力的大脑活动上来。

25

使用系统 1 的思维方式，最明显的优点是能依靠直觉快速做出判断；当我们认真分析时，就用到了系统 2，这种更为理性的逻辑思维方式。

26

归纳法：指的是由局部现象到全局理论的推理，人们先获得信息，从中发现规律，从而推导得出一个理论。

27

演绎法：指的是一种解释验证已有理论的方法，人们先提出理论，之后通过观察现象再次验证理论。

28

随着社会的发展和人们对自我认识上的深入，当我们已经意识到了某一种思维方式上的欠缺，可以有意识地强化和训练自己。中西结合效果会更好。

29

人的动力可以分为两种，一种是内生动力，属于一级动力，明白自己想要什么，愿意主动探索世界；另一种是外在动力，属于二级动力，是一种由外界施加的推力，比如，父母的期待、物质方面的奖励、环境的不断变化等。

30

教授具体方法只是授人以鱼，让大家意识到内生动力对个人产生的巨大作用才是授人以渔。

31

只要真正渴求，就能产生源源不断的动力。

32

不值得定律：是指不值得做的事情就不值得去做。

33

如果我们在做一件自己感兴趣的事，可能明知道很困难，也会一往无前，竭尽全力去做好。这就是热爱的力量。

34

找到自己的热爱，确定自己的真实想法，然后朝着那个方向努力，不管别人说什么，不要受其影响。

35

听从己心，无问西东。

我们要认真对待每一次选择，更要用行动证明这个决定值得。

Rhythm of life

第 8 节

人生节奏

未来无法预测

人生充满了无数的选择。从中考、高考选择不同的学校，到大学选择不同的专业，有人随波逐流，有人仔细考量。毕业之后进入社会，要为未来做出选择，是继续读研，还是准备求职？是选择安稳的事业单位，还是加入成长空间更大的企业平台？是在一线城市奋斗，还是回老家生活？原本觉得遥远的职场，就这样近在咫尺，不同的选择意味着不同的收入、地位、职业规划。

除了学业和工作，我们要选择的还有爱情与婚姻，心动不已的人止于暧昧，门当户对的人欠缺喜欢，似乎都合适，又害怕做完决定会后悔。

每一次选择都意味着一次改变，而选择有对有错，改变有好

有坏，在结果到来之前，我们都无法准确预测。

认真对待每一次选择

我们回顾以往，往往那些无意中做出的决定，对未来产生了重大的影响，可当时的我们，觉得那只是一个普通的决定。这是人生的常态，并不是每个选择时刻都显得重要，但我们要认真对待每一次微小的决定，因为日积月累，影响无法估量。

我创业后经常想，当年雷军为什么离开金山选择创立小米，他是在什么样的心情下做出这个决定的，之后又付出了怎样的努力。

雷军对外的官方说法是，在金山太累，想休息一下。但我想他应该经过了慎重的思考。雷军在创业方向的选择上，一直把市场足够大、用户量足够多作为一个标准，而金山产品的性质决定了它受众窄、体量小，并非每个人的必需选择，所以业务板块不够大。以金山毒霸为例，它也曾是国内杀毒软件领域的霸主，但当免费的 360 横空出世，无数用户选择了后者，导致金山逐渐退居二线，成为一个非首选的品牌。

很快，他发现智能手机在中国拥有广阔的市场，可以成为下一个努力的赛道。2010 年 4 月 6 日，41 岁的雷军联合其他 6 位

人生节奏图

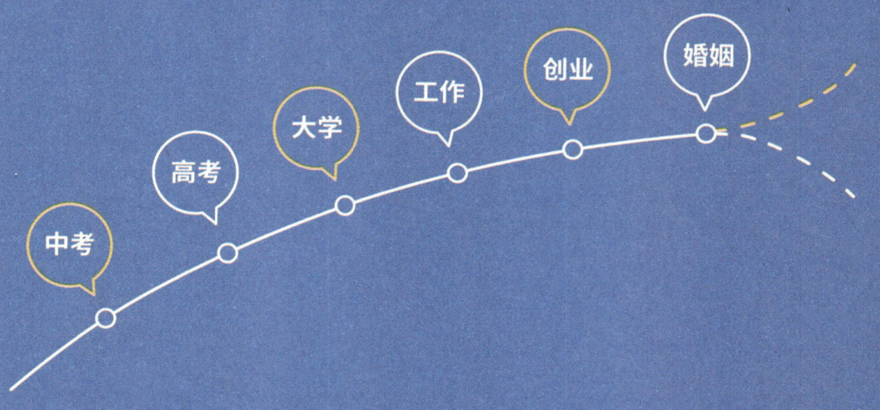

创始人，一同创立了小米公司。

那是普通的一天，也是重要的一天。

在雷军做出这个决定后，是真正地从零开始，他可能要骑着自行车上班，在很小的办公室工作。但一步步走到现在，经过10年成长，小米已经成了一家以手机、智能硬件和IoT平台为核心的互联网公司，在2020年《财富》世界500强排行榜中位列422位。

我们要认真对待每一次选择，更要用行动证明这个决定值得。

搞定关键决策

决策的重要性

我们生活的方方面面都需要做决策，小到穿什么衣服、去哪家餐厅，大到产品的定位、结婚对象的标准等，多而杂、碎且广，如果不能准确、快速地解决，会占据很多精力和时间。

但决策从来不是一件简单的事，尤其是关键性的决策，不能凭灵感、靠心情，更不能随心所欲，不计后果。一次正确的决策需要调动理性和感性，也是技术和艺术的结合。

决策包含两个部分，决是判断和决定，策是方法和思路，所以，在决策之前，我们要思考清楚，才可以给出最终答案。

什么是 121 框架

查理·芒格说：**“人生就是由一个个决策拼凑而成。你人生的质量取决于关键决策的质量。”**那我们该如何做出决策呢？我可以给大家分享两个实用的方法。

第一个方法，是在生活中养成一些稳定的做事习惯。

它能帮我们节省决策时间。比如，每个人都有适合自己的穿衣风格，我们可以据此提前准备好要穿的衣物。我有五件一模一样的 T 恤，每天起床后根本不用思考穿哪件，这将大大降低我的决策成本。当我们能提前准备好解决方法，就不会因为这件事而焦虑。

相反，如果我们没有相关经验又需要在紧迫的时间内做出决定，很可能做出错误的决策。一如那些赌场里一败涂地的赌徒，他们初入赌场也是心态放松、情绪稳定，对输赢都能坦然以对，但如果后面输红了眼，又迫切地想赢回来，就不可能做出一个相对冷静的决定，很可能赌上全部身家。

第二个方法，叫 **121 框架**，即系统 1——系统 2——系统 1。

我在重塑思维部分提到了大脑的两套系统，人在做决定时也要依靠这两个系统，因此，我在这个基础上，总结了一个 121 框架，帮助大家在不同的情况下，选择不同的思维系统做出决定。

首先，我们可以根据时间、难度、成本三个维度划分不同决策的情况。

第一步：简单的决策用系统 1

一件事很紧急，难度低，同时犯错成本低，可以选择使用系统 1 来做直觉判断。

如果遇到一件事情相对复杂，犯错成本也高，那么就需要开始借用系统 2 的理性和逻辑。

第二步：复杂的决策用系统 2

a. 解决这个问题的目标是什么？

b. 判断标准是什么？

c. 预期结果、预期收益是什么？

当想清楚了这几个问题，心中就会浮现出一个答案，稍后做出的决策也会相对准确。

对于如何按照理性思路做决策，我刚好有一个比较触动的案例。

决策难度
系统1
系统2
系统1
简单
复杂
重要

前段时间公司在招人，我一直觉得自己是一个很会面试的人，能通过聊天判断出对方是否适合这个岗位，他有没有信心充分发挥自己的能力，以及在描述过往经历时有没有说谎等。

如果应聘者之间实力悬殊，我们很容易做决定，但候选人都很优秀时往往会很难取舍。这时候就需要整理一些书面的内容、框架帮自己理清思路。

在面试之前，公司的 HR 请我写一份招聘简章，要先想清楚招什么样的人、需要哪些能力。他还要求每个岗位的目标能力最多写 3 个，如果广泛罗列出 10 个，基本上没有意义，因为多需求反而会导致需求不清晰。我写完初版招聘简章交给 HR 后，他向我提出了一些很细致的问题，比如，为什么要招这个人？岗位职责是什么？他能发挥多大的价值？他未来的发展空间如何？核心的 KPI 是什么？如何衡量这个人的工作？他的工作目标和我的目标有没有一致性？和公司的目标是否相符？回答这些问题很烦琐，但当我把这些问题都梳理完，我发现对岗位的招聘需求已经非常明确，后续做决策时也有了清晰的标准。

后来我要招聘一位自媒体运营，我非常明确对这个岗位最基础的要求是剪辑视频。但我面试时，发现有的应聘者在会剪辑的基础上，还有直播运营、粉丝运营甚至是品牌创意经验。我觉得他特别好，恨不得立即拍板给他发 offer。但当我冷静下来对比招聘简章思考之后发现，其他能力都只能算他的加分项，回到基础需求，从视频剪辑出发，他是不是候选人里能力最好的？显然不是，所以他最终落选了。

如果因人定岗，就容易迷失方向，因为每个人的能力都是多元的，能胜任的工作方向可能有多个；相反，因岗定人帮助我事先想清楚招聘需求，后面要做的是找到满足需求的人才，这样才不会在决策中迷失。

所以，**避免在决策中迷失的方法是制定清晰的评判标准，并严格执行。**

系统 2 中理性做判断的思路，就是面对多个选项时，也能逐个分析出哪一个选项是最优选项，然后做出正确判断。

第三步，重要决策返回系统 1，再用直觉检查一遍。

如果遇到决策难度高，犯错成本巨大的情况，记得用回系统 1 检查一遍。

检查的标准有两点：

第一点，这个决定是否会超越自己的**底线**，也可以说是不是会超过自己的风险承担能力。确认自己是否能接受这个决定导致的最差结果。

在复杂的问题中，我们可能会得到很多东西，但也会因此失去一些东西，那么，如何看待失去的部分，反向思考，也是做决定的一个方法。

第二点，最终结果是否符合**动机**，达到最初的目标。我们要时刻记得最核心的问题，如果这个决定能够解决或部分解决核心问题，那么它就是一个好决定。

其实，最后一步的检查也类似于抛硬币，当你因为这件事抛硬币，心里希望落地时见到的结果，就是心里最想做的那个选择。

当然，我们也会遇到一些特殊情况，比如明知道按照理性选择做出的决策是对的，但本能地抗拒这个选择。

有时，过分依赖理性思维，会让人陷入一些细节，执着于得失、数字，但很多人生决定，最根本的一个标准是——这个决定是否在底线之上。

以上就是完整的 121 框架，即系统 1——系统 2——系统 1。

向成功的人学习决策

心平气和地思考

在进入苏世民书院就读前，我就十分欣赏苏世民先生。

他是一位杰出的商业领袖，白手起家创立黑石集团，在投资、金融、管理方面拥有丰富的经验，他始终如一地相信教育、思考、质疑的力量，会坦率地讲出自己失败的教训。

在决策方面，他有很多独到的看法，给人启迪。他认为：“在进行思考和判断的时候，应该由我自己拿出充分的时间，心平气和地思考，而不是让两个人在我面前据理力争，而我只是坐在中间进行决策。”

我跟合伙人在工作中避免不了做决策，小到要不要给员工包饭，包午饭还是晚饭？大到公司未来的战略方向，是营养健康还是好喝潮流？

几个人在会议室里经常吵得不可开交，但当我们发现讨论陷入胶着，事情无法推进时会暂停一下，出去呼吸呼吸新鲜空气，给自己思考的时间，然后再回去理性地表达自己的想法。

苏世民先生在企业层面的决策上，也有我们可以学习和借鉴的方法。比如，“黑石颁布规定：任何提案都必须以书面备忘录的形式提交，备忘录必须完整翔实，并至少提前两天提供给参会人员，以便大家对其进行细致理性的评估。之所以要求至少提前两天，是因为这样研究备忘录的人可以有时间进行标注，发现漏洞，梳理相关问题。我们还规定，除非有重大的后续发展，否则不得在会议上对备忘录进行任何补充。我们不希望开会的时候还有新增资料传来传去。此类讨论有两个基本规则：第一，每个人都必须发言，以确保每个投资决策是由集体制定的；第二，要把讨论重点放在潜在投资机会的缺点上，每个人都必须找到尚未解决的问题。”**经过深思熟虑的决定，执行起来才会避免失误。**

保持大脑的开放

现实生活中，我们没办法做到任何事都靠自己决定，大部分人遇到问题都会倾向于向他人寻求帮助，请他们提供意见。但这很容易导致观点杂乱、信息过多，反而不知道怎么做决策。这时，我们就要判断这个人的观点是否可信。

华尔街投资大神、对冲基金公司桥水创始人瑞·达利欧先生在《原则》里分享过自己一段颇为曲折的就医过程。他在一次年度体检中发现身体出现了一种癌症前期症状，对此，三位不同的医生（都是业内非常知名的医生）给出了三种截然不同的治疗方法，一位医生认为病情尚可控制，只需要切除食管就可以痊愈；一位医生觉得病情正在急速恶化，需要切除食管和大部分的胃才行；还有一位医生却说只需要定期检查监测就好，无须进行手术。瑞·达利欧先生难以做出判断，于是他向第四和第五位医生咨询了病情，最终选择了走检查程序的治疗方案，事实也证明他的病完全无须手术。

他对此十分感慨："假如我没有努力征求其他意见的话，我的生活就会走上一条完全不同的道路。"所以说即便是顶级的专家也会犯错误，我们更应该保持大脑的开放，和可信的人一起审视问题，才能大幅提升做出正确决策的概率。

他还在《原则》中分享："在一般的公司里，很多决策或是以独断专行方式，由高层领导自上而下做出，或是以民主协商方式，由每个人分享各自观点，最终实施得到最多支持的观点。这两个决策系统都有缺陷。最佳决策应该是在创意择优中，按观点可信度高低来得出的。"比如，由一名设计师和一名会计共同判断一张海报是不是好看，两个人的观点可信度绝不是各占一半，显然，有过丰富海报设计经验的设计师的观点应该在决策中占有更高的比重。

那么如何确定谁在哪些方面能力更强呢？**最有可信度的观点来自：第一，多次成功解决了相关问题的人；第二，能够有逻辑地解释结论背后因果关系的人。**

人生也有时差

人人都焦虑

在入学清华第二周，书院就安排我们参加团建。我当时很奇怪，为什么刚开学就有这样的活动呢，如果说临近期末想通过攀岩、跳舞缓解大家的考试压力，我还能理解，但现在刚开学哪有什么压力，学校居然还特意找了心理咨询师给大家上课。

课上，老师做了一个调查——感觉自己比在座的其他人差的请举手，结果现场有 90% 的人举了手，我才发现原来坐在这里的绝大部分人都觉得自己不如别人，都有不同程度的焦虑。其实，能来苏世民书院读书的人都很优秀，而**越优秀的人或者内在动力越强烈的人，越担心自己做得不够好。**

书院网站上有每个人的资料，我们能看到其他人的经历。通常大家写经历的时候，都倾向于把自己写得更好、更夸大一些，就如同每一个求职者的简历一样。这时候我们会不由自主地将别人的经历和自己做对比，不可避免地产生落差。再加上本身大家的年龄、教育背景、社会阅历上的差距也很大，产生的焦虑会更多。

我去苏世民书院的时候刚本科毕业，年纪挺小，总担心自己不够优秀。作为班里最年轻的学生，害怕自己知识面过窄，社会阅历也不足，担心如果以后和一些知名的学者或领导人见面，当他们讨论国家大事或世界局势时，自己可能没办法很好地融入。而后来和同学们熟悉了之后，那些年纪比我大的同学跟我说，其实他们也会有自己的压力，会担心自己 30 岁来到这里和一群 20 多岁的人一起学习会不会显得格格不入，是不是自己发展太慢了。我所认为的年龄优势在别人眼里竟是自己的劣势，这件事让我更加理解“焦虑”本身。

在此之前，我也发现原本约好一年一聚的初、高中同学聚会，来参加的人越来越少。很多人不愿意参加同学聚会，尤其毕业 5 年、10 年后，同学之间的发展已经拉开了很大的距离，当初因为考了相似分数而成为同学的人，因后续的选择、性格、追求、价值观、努力程度不同人生道路完全不同了。有人留在原地，有人去了大城市，也有人选择了留学。大家都在不同的路径上走着，留在老家的人可能会担心其他人觉得自己没出息，而去了大城市的人或许会因为还没能买房而奔忙。

我们总忍不住跟其他人比较，慢慢被压力包围，又在比较后不客观地贬低自己、羡慕对方，殊不知每个人都有各自的焦虑。

参加清华长跑

找到自己的节奏

当我们对自己要求越高，焦虑感就越强，很容易在这个过程中迷失自己。其实，每个人都应该学着调整心态，把注意力转回自身，找到属于自己的节奏。

我在第一家公司做精算分析师的时候，隔壁60岁的同事和我同一职级。他参与工作之前在当兵，因此做精算师算是跨行从零做起。但他对这份工作很感兴趣，也觉得自己的能力很匹配，就从头开始考精算师证书，拿到证书后进入这个行业。我问他，为什么不继续做原来的工作？那样不是资历更深、待遇更好吗？他说：无所谓，无论做哪一行都要从头开始，而且这是一次非常不错的人生经历。

每个人都走在自己的时区里，不要因为一时的快慢，影响原本的节奏，更不要因此导致心态失衡。

我曾经读到一首关于人生节奏的诗，很大程度上抚平了我的焦虑情绪。我想把这首诗分享给大家：

纽约比加州时间早三个小时

纽约时间比加州时间早三个小时，但加州时间并没有变慢。

有人22岁就毕业了，但等了五年才找到好的工作！

有人 25 岁就当上 CEO，却在 50 岁撒手人寰。

也有人迟到 50 岁才当上 CEO，然后活到 90 岁。

有人依然单身，同时也有人已婚。

奥巴马 55 岁就退休，川普 70 岁才开始当总统。

世上每个人本来就有自己的发展时区。

身边有些人看似走在你前面，也有人看似走在你后面。

但其实每个人在自己的时区有自己的步程。

不用嫉妒或嘲笑他们。

他们都在自己的时区里，你也是！

生命就是等待正确的行动时机。

所以，放轻松。

你没有落后。

你没有领先。

在命运为你安排的属于自己的时区里，一切都准时。

小节提炼

01

每一次选择都意味着一次改变，而选择有对有错，改变有好有坏，在结果到来之前，我们都无法准确预测。

02

往往那些无意中做出的决定，会对未来产生重大的影响，可当时的我们，觉得那只是一个普通的决定。

03

我们要认真对待每一次选择，更要用行动证明这个决定值得。

04

决策从来不是一件简单的事，尤其是关键性的决策，不能凭灵感、靠心情，更不能随心所欲，不计后果。一次正确的决策需要调动理性和感性，也是技术和艺术的结合。

05

人生就是由一个个决策拼凑而成。你人生的质量取决于关键决策的质量。

06

121 框架

第一步：简单的决策用系统 1

第二步：复杂的决策用系统 2

1. 解决这个问题的目标是什么？

2. 判断标准是什么？

3. 预期结果、预期收益是什么？

第三步，重要决策返回系统 1，再用直觉检查一遍。

07

避免在决策中迷失的方法是制定清晰的评判标准，并严格执行。

08

最有可信度的观点来自：第一，多次成功解决了相关问题的人；第二，能够有逻辑地解释结论背后因果关系的人。

09

越优秀的人或者内在动力强烈的人，越担心自己做得不够好。

10

我们总忍不住跟其他人比较，慢慢被压力包围，又在比较后不客观地贬低自己、羡慕对方，殊不知每个人都有各自的焦虑。

11

每个人都走在自己的时区里，不要因为一时的快慢，影响原本的节奏，更不要因此导致心态失衡。

每个人都走在自己的时区里，不要因为一时的快慢，影响原本的节奏，更不要因此导致心态失衡。

Delayed gratification

第 9 节

延迟满足

拥有熵减能力

500 万和清华录取通知书，你选哪个？

我在抖音上发过一个视频，问大家 500 万和清华通知书，你选哪个？其实很多人会选择 500 万，因为能立刻拿到钱实现一部分愿望。如果选清华通知书，等待收益的时间太长，他们不愿意等。

很多年轻人会更愿意追求当下的满足，饿了就胡吃海塞，长胖了再后悔；无聊了刷抖音，回过神来发现正事儿没干；想了解一个原理，只愿意花几分钟搜搜视频，但不会打开一本书从头到尾学一遍。他们在即时满足中感受到无比快乐。其实这是人性使然，**快速获得信息，不断放纵自己，是顺应人性的事，是一个熵增的趋势。**

物理学家薛定谔在《生命是什么》一书中说："自然万物都趋向从有序到无序，即熵值增加。而生命需要通过不断抵消其生活中产生的正熵，使自己维持在一个稳定而低的熵水平上。生命以负熵为生。"

你可能会好奇什么是熵增，根据熵增定律的描述，一个孤立系统中，熵永不减小。如果过程是可逆的，则其熵不变，如果过程不可逆，则熵（无序程度）增加。用比较浅显的语言去解释熵增定律，大概意思就是，在任何一个封闭的环境，里面的任何事物，必然从有序到无序，直至死亡。

从某种角度来说，**我们活着就是在抵抗自身的熵增，成为一个有熵减能力的人，所以，人要学会约束自己，不管是有计划性的学习，还是克制自己陷入娱乐的欲望，都是在努力地不让无序、混乱破坏我们的人生。**

原始人时期，人类极大地放纵自己的天性，在没有社会与组织的状况下争抢食物和掠夺资源以保证自己可以存活。当人类发展至农耕文明，开始通过劳动种植和收获粮食来满足生活需要。组织分工让效率提高，人们发现这样赚取的食物比原本单打独斗要多。文明的判断标准之一就是人的组织和分工是否存在，但是当人进入组织后，需要遵循组织规则，受到一定约束。而这份约束让组织的利益最大化的同时，个人也获得更高的收益。这份约束便是熵减的过程。

现代的社会规则包括各国之间构建的国际秩序，都存在着各种约束和约定，为了创造更有秩序的公共空间，社会里的每个成员都需要做出一些让步，这便是更高级别的熵减。因为社会的存在就是让每个人都有约束，让整个社会的熵增减少。

字节跳动的创始人张一鸣在接受《财经》杂志专访时说过：“少数精英追求效率，实现自我认知，他们活在现实中。但大部分人是需要围绕一个东西转的。不管这些东西是宗教、小说、爱情还是今日头条，用户是需要一些沉迷的，我不认为打德州、喝红酒和看八卦视频有多大区别。”

换句话说，**少数人拥有熵减能力，可以抗拒及时行乐，做到延迟满足，而大部分人是在顺应人性，追求即时满足。**

延迟满足是在抵抗人性

虽然张一鸣和团队创造了许多即时满足类的产品，但他本人却十分推崇延迟满足，他认为，一个人的成功需要通过延迟满足来实现。

早在20世纪60年代，美国斯坦福大学心理学教授沃尔特·米歇尔曾做过一个实验，给一群背景条件相同的小孩每人派送棉花糖、曲奇或饼干棒。研究人员告诉孩子们可以吃掉这些零食，但如果等自己回来后再吃则可以得到双倍的奖励。在等待的过程中，有的小孩吃掉了棉花糖、饼干，也有三分之一的小孩等研究人员回来，得到了双倍奖励。

“延迟满足”的实验，也是自我控制的心理实验，米歇尔说，“如果有的孩子可以控制自己而得到更多的棉花糖，那他也可以去学习而不是看电视，将来他也会积攒更多的钱来养老，他得到的不仅仅是棉花糖。”

所谓延迟满足，其实是指一种甘愿为更有价值的长远结果而放弃即时满足的抉择取向，以及在等待期中展示的自我控制能力。它的发展是个体完成各种任务、协调人际关系、成功适应社会的必要条件。

延迟满足就是逆着人性做熵减，而这种人往往能在以后的人生中过得更好。

我们公司也很欣赏奈飞和字节跳动的组织文化，我们从第一天设计组织文化和制度的时候，就希望能够通过抵抗人性让整个组织拥有持续的高效率和敏锐的创新力。

组织层面，我们公司讲究扁平化管理，同事之间没有职级之分，并且我们采用完全透明的 OKR 管理，每个人都有权限查看任何人的 OKR，比如想知道 CEO 在做什么，点开他的 OKR 一目了然。通过这样的方式，每个人都能很清晰地了解到自己的工作内容在公司这个运行着的机器中扮演了什么样的角色，尽可能降低了个人和组织的割裂感。完全的坦诚透明其实是逆人性的事，但这样可以极大地提升组织效率。

对个人而言，保持自律是逆人性的事情。而我们公司的价值观是 120%，要求每个人都要设定 120% 的目标，做到 120% 的努力，收获 120% 的结果。给自己设立高目标当然是一件难的事，想要实现目标更是需要不断地抵抗自己的惰性。

在一个组织中，我们需要通过价值观的渗透来达成共识，让大家提升效率、保持自律、进行熵减，这样才能让个人、组织获得进步。

现实生活中，大多数人的高光时刻多由延迟满足带来，寒窗苦读十几年，只为一朝金榜题名，**这是一种活在未来的能力，不计较眼前的利益，不在意一城一池的得失，只有意志力坚强的人，才能拥抱未来。**

获得人生复利

时间“复利”

考虑到时间的“复利”，我鼓励大家学会延迟满足。复利是一个经济学概念，是指在计算利息时，某一计息周期的利息是由本金加上先前周期所积累利息总额来计算的计息方式，也即通常所说的“利滚利”。

经济学家用一个公式表达复利效应：（1+r)^n，r 代表你正在做的事，n 代表时间，只要 r 为正，即你在做正确的事，时间就会为你带来奇迹。

如果一个人坚持每天看书半小时，一个月、两个月看不出什么变化，但十年、二十年之后，会产生惊人的差异。这就是复利效应。

时间

↑

（1+r）^n

↓

正在做的事情

不仅是读书，运动、社交、投资都是如此。社交这点我就有很深感触，每到一个新环境，我都会尽量和大家交朋友，并不会抱着特定的目的。成为朋友后我仍然会积极地联络感情，我始终认为友情是无法“临时抱佛脚”的，需要“共同经历”的长期沉淀。

提及复利的力量，也有人对财经作家吴晓波的经历津津乐道。早年间，他曾给自己下过一个命令，每年写一本书，每年买一套房。他以惊人的毅力坚持了许多年。如今，他在财经领域的影响力有目共睹，而当年买下的房产也升值了数十倍。

0.99 的 365 次方是 0.03，而 1.01 的 365 次方却是惊人的 37.78，不要小看时间“复利”的力量，要学会延迟满足，最终我们也会拥有属于自己的收益。

追求长期利益

人需要延迟满足的另一个原因是，短期利益和长期利益的矛盾。

刚毕业的时候，总有人问我为什么没有去做网红。当时摆在我面前有两条路，一是全职做网红，消耗自己已有的经历，把同样的故事换汤不换药地反复说上很多遍，榨干账号的剩余价值，实现快速变现。这样做的收益很高但短期，当短暂的流量过去，人气无以为继，那所谓的网红就失去了价值。我相信大家也可以看到网红的更新换代速度有多快，很多账号的生命周期可能只有不到一年的时间。于是我选择了另外一条路——用自我成长来支撑网红持续发展所需要的内容创作能力，我希望账号能够持续产出优质的内容，这一点倒逼我不断成长，而不是止步于一个网红的身份。

当我们提前明确了自己的使命、愿景后，就会知道为了实现它需要付出多少努力。在面对短期利益的诱惑时，也能做出清晰的判断。马斯克的愿景是未来移民火星，所以，他所做的每家公司都在为这件事做准备。我没有他那么伟大，但我很清楚自己想要成为什么样的人。

京东在2006年启动融资，刘强东拿到今日资本的融资后开启了物流体系建设——自建仓库，自聘配送员。刘强东说京东70%的客户投诉来自物流，大量的顾客投诉送货慢、货物损坏严重，物流体系必须自己搭。

当时很多人都不看好这个决定，市场上明明有可以合作的第三方快递公司，为什么要花钱、花时间搞仓储、配送、售后，简直多此一举。

对于外界的质疑，刘强东表现得很坚定：“我们建大量的物流中心和信息系统，是实实在在转化了公司未来的核心竞争力，使用户体验不断提升，可能很多人觉得是烧钱的行动，但为用户体验烧钱我认为是值得的，任何一家公司只要烧出核心竞争力都是可以成功的。”

如今，无数人被京东快捷、优质的服务打动，成为其忠实用户。不仅仅是北上广深这类一线城市，京东逐渐实现了二线、三线城市购物更便捷的目标。如果没有刘强东当年的决定和坚持，京东的发展可能远不是今天的规模。

我想强调的就是，**延迟满足是值得的。**

第一，我们的付出会因为时间复利，在未来收获巨大的价值。

第二，当明确自己的愿景、目标，拥有内生动力后，在短期利益和长期利益之间，应始终选择长期利益。

做时间的朋友

成长会回应成长

2017年8月份，一个我认识了7年的学长邀请我一起创业。我知道这是很好的机会，但我觉得自己仍需要更多经验积累，于是仍然选择了去清华读书，拒绝了他的邀请。读书期间也有一些投资人和前辈鼓励我创业，我都表示还没想好。

或许早一点儿创业能早一点儿获得名利，可我觉得创业是个人积累的所有资源聚集式的爆发，如果积累的经验、资源、人脉还不够，提前尝试反而要走更多弯路。从清华毕业后，我去了贝恩工作。对职场新人来说，他们的薪资和待遇很好，每年有30%的涨薪，每两年可申请一次升职，努力奋斗几年可以做到合伙人，年薪可达数百万。在这样顶尖的咨询公司还可以接触到各行各业最头部的公司，是快速成长的不二选择。可以说，我眼前有一条规划清晰且前景光明的职业路径。

但很快，当年的学长又向我发出了创业邀请，这一次，我答应了他，成为新公司的合伙人。无论是在苏世民书院对理论知识的学习，还是在贝恩咨询对市场环境的洞察，都让我更加有能力和底气投入这次的创业。

一个人成长所带来的价值提升，不容忽视，因为成长会回应成长。

创业的日子其实挺辛苦的。从高级写字楼换到一个老商业区的小办公室，各方面环境都不太好。作为合伙人基本没有工作日和休息日之分，睁眼就是工作，拿起手机或者电脑就要干活。而且工资特别低，远低于我们员工的平均薪资。因为作为合伙人我们都清楚，钱要花在刀刃上——研发、生产、聚集资源、做品牌、铺设渠道等。每个环节想要做到最好都需要烧钱，甚至我们还得做好万一产品没有打开市场，还能有足够的资本卷土重来的准备。我们要给自己准备一张尽可能坚实的安全网，这是对自己负责，更是对信任我们的公司员工、合作伙伴、投资人负责。

虽然我们天使轮就拿到了超过6000万的融资，但在谈办公室租金这样的事情上，我还会为少花两毛钱跟房东商讨了一个下午。

按照一般人的思路，可能会想，都融到那么多钱了，怎么还在这种小事上斤斤计较？因为我们现在的每一分钱都会被计入未来的估值计算，如果估值倍数是100，那现在每花1块钱，未来就少了100块钱。所以，我们愿意放弃短期享受，获得长期收益。

但行好事，莫问前程

小时候，我被老师逼着练字时想不通字写好看了能有什么用，只知道如果不好好写，老师就会惩罚我们。升入初中后，语文老师看了我写的字后说，这孩子以后一定会有出息。我当时觉得这话其实很没逻辑，写字好看跟将来有没有出息能有什么直接联系？但后来，我之所以能在浩如烟海的社交平台上被一些人看见，居然是因为我写字的视频。

初二那年，生物老师问班上的同学有没有人愿意跟他一起做生物实验。参与实验没有任何好处，还得占用大量课后的时间。当时临近中考，没有人愿意参加。但我出于兴趣报了名，每天下午四点出门，六点回来，回来的时候桌子上可能已经多了十几张试卷。当我在做实验的时候，别人在刷题做试卷。看似耽误大量

思瑞科技四位创始人开业合影

时间的生物实验最后获得了市里的一等奖，在省里也拿到了很好的名次。这个奖项当时对升学并无用处，但在我后来申请大学和研究生时起到了重要的作用。参加比赛的过程，结合高中、大学参加的环保活动的经历，让面试官看到我科学钻研的精神，也看到我与其他申请者的不同之处。

我曾邀请一位大学同学在我的报纸上分享自己的求职经历，他大二就进入华尔街实习，算是当时求职最成功的中国学生。当时的我也在寻找实习机会，但是心态很松懈，心里想着不就是份工作嘛，为什么要那么拼命？但当知道别人拿到特别好的 offer 后又压力倍增。作为约稿人，我是那篇文章的第一位读者，看完之后，我忽然明白了为什么是他。

他每天给近 200 个人打电话，还在网上随机给人发邮件，如果有人回复，他会立刻飞到纽约跟对方喝咖啡。但爽约如家常便饭，拒绝也屡见不鲜，他经常在交谈到一半的时候，听到对方说“你经验太少”“你在亚特兰大读书，太远了”“你还太年轻”诸如此类拒绝的话，没有人向他抛来橄榄枝。

他没有放弃，反而一次次地告诉自己，就算这样做不能获得一份好工作，但只要坚持下去，一定能看到光明的未来。最后，他真的如愿以偿，成了我们那届最早拿到华尔街 offer 的中国人。

不难发现，当初一些看似愚蠢没有收益的事情，长期坚持便会获得叠加的进步。

所谓的人生开挂，都是厚积薄发，也是做时间的朋友。

因为暂时的优秀或阶段性的出色，并不能帮我们真正抵达成功的彼岸。走出校门、踏入社会后，我们更应该把目光放长远，即使前路漫漫，也要竭尽所能追求心中目标，用自身的长期价值对冲未来的不确定性，最终将不可能变成可能。

我至今还记得，他文章的最后一句话是——但行好事，莫问前程。

希望你我，皆能如此。

未来，我们在更高处相见。

小节提炼

01

快速获得信息，不断放纵自己，这是顺应人性，是一个熵增的趋势。我们活着就是在抵抗自身的熵增，成为一个有熵减能力的人。

02

人要学会约束自己，不管是有计划性的学习，还是克制自己陷入娱乐的欲望，都是在努力地不让无序、混乱破坏我们的人生。

03

少数人拥有熵减能力，可以抗拒及时行乐，做到延迟满足，而大部分人是在顺应人性，追求即时满足。

04

延迟满足：是指一种甘愿为更有价值的长远结果而放弃即时满足的抉择取向，以及在等待期中展示的自我控制能力。

05

延迟满足是一种活在未来的能力，不计较眼前的利益，不在意一城一池的得失，只有意志力坚强的人，才能拥抱未来。

06

时间复利效应：(1+r)^n，r 代表你正在做的事，n 代表时间，只要 r 为正，即你在做正确的事，时间就会为你带来奇迹。

07

0.99 的 365 次方是 0.03，而 1.01 的 365 次方却是惊人的 37.78，不要小看时间“复利”的力量。

08

延迟满足是值得的。

第一，我们的付出会因为时间复利，在未来收获巨大的价值。

第二，当人明确自己的愿景、目标，拥有内生动力后，在短期利益和长期利益之间，应始终选择长期利益。

09

一个人成长所带来的价值提升，不容忽视，因为成长会回应成长。

10

但行好事，莫问前程。所谓的人生开挂，都是厚积薄发，也是做时间的朋友。

【全文完】

但行好事 莫问前程

—— 自豪

自豪，今天六级作文题目是the importance of motivation and method in learning，因为大佬在直播里提了多次学习的motivation这个词，所以我把motivation深深的记住了，真的是个宝藏男孩呀。押题小能手😊，晚安咯

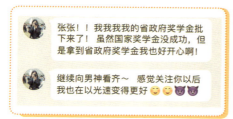

哥！我要share个好消息给你！

注意保护隐私，谨防诈骗，如陌生人对你造成打扰，或其身份不明，请点击右上角举报

我考上南大研究生啦！

感谢你视频给我的鼓励！

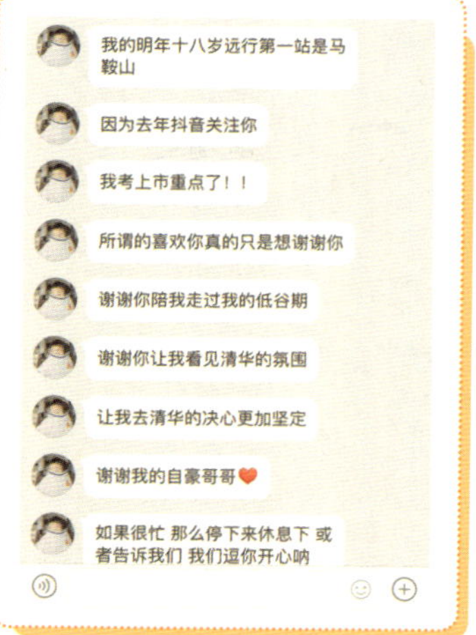

我的明年十八岁远行第一站是马鞍山
因为去年抖音关注你
我考上市重点了！！
所谓的喜欢你真的只是想谢谢你
谢谢你陪我走过我的低谷期
谢谢你让我看见清华的氛围
让我去清华的决心更加坚定
谢谢我的自豪哥哥❤️
如果很忙 那么停下来休息下 或者告诉我们 我们逗你开心呐

你好啊，自豪学长，因为看了你的视频让我有了考清华的信心与勇气，感谢考研路上有你的陪伴，拿到录取通知书的第一件事就是和你分享，嘿嘿😊
真的吗！好棒！

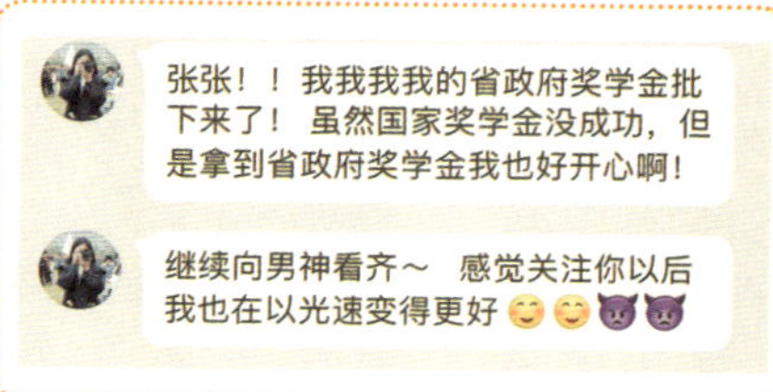

张张！！我我我我的省政府奖学金批下来了！虽然国家奖学金没成功，但是拿到省政府奖学金我也好开心啊！
继续向男神看齐～ 感觉关注你以后我也在以光速变得更好😊😊😈😈

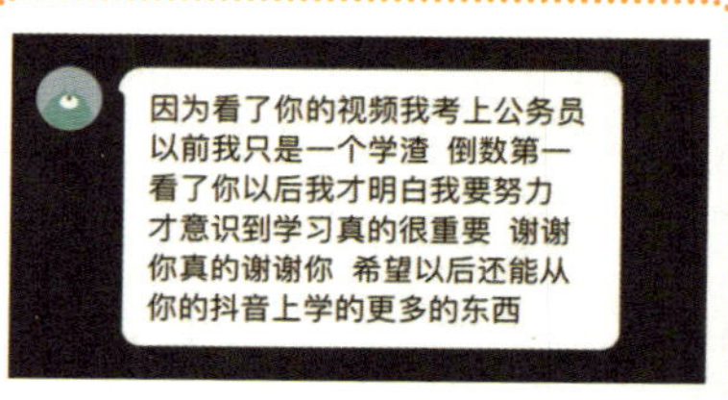

因为看了你的视频我考上公务员
以前我只是一个学渣 倒数第一
看了你以后我才明白我要努力
才意识到学习真的很重要 谢谢
你真的谢谢你 希望以后还能从
你的抖音上学的更多的东西

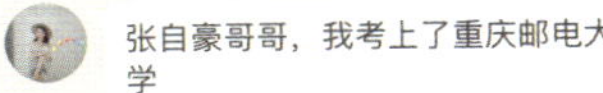

张自豪哥哥，我考上了重庆邮电大学

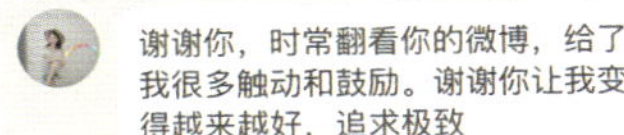

谢谢你，时常翻看你的微博，给了我很多触动和鼓励。谢谢你让我变得越来越好，追求极致

还有一个好消息，我被一所985大学录取了🌹😊😊😊

张自豪小哥哥！我是你的小粉丝呀！是从抖音认识你的 满满的正能量。说真的在高三之前我好像只有毫无期盼地活着，没有理想。直到后来认识到了自己想要什么，可是那个时候已经高三了，虽然有些着急，但是还是静下心脚踏实地努力了。没有去到最理想的目标，但是达到了我的既定目标考上了大学，真的意识到了努力的重要性。看到了你多姿多彩的生活更是觉得自己到了大学也要好好努力呀！做一个带着正能量优秀的女生向想要的一点点靠近！

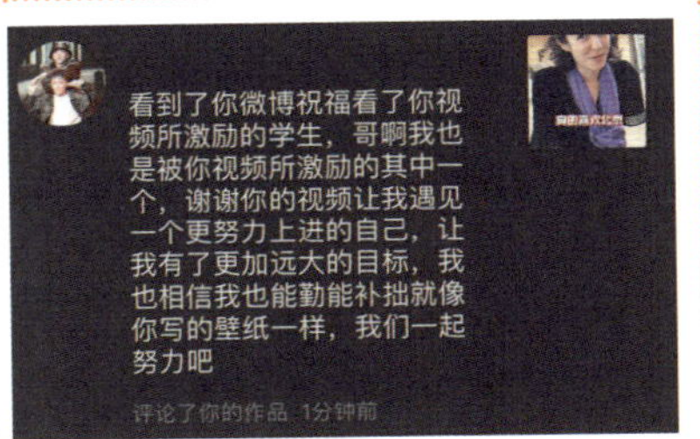

看到了你微博祝福看了你视频所激励的学生，哥啊我也是被你视频所激励的其中一个，谢谢你的视频让我遇见一个更努力上进的自己，让我有了更加远大的目标，我也相信我也能勤能补拙就像你写的壁纸一样，我们一起努力吧

评论了你的作品 1分钟前

小哥哥，出成绩了，山东文科生超一本线30分，虽然没有发挥出平时的水平，但也很开心啦😊，大学好好努力，希望能成为像你一样优秀的人❤️（论偶像的力量）

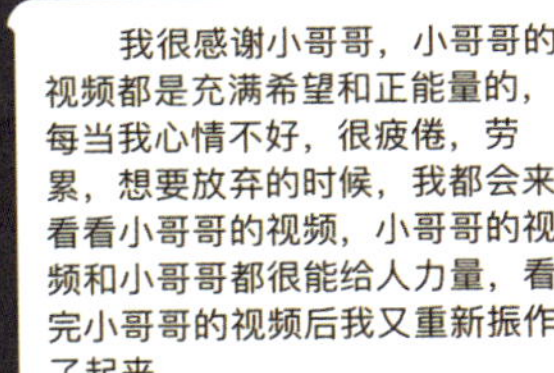

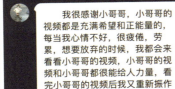

我很感谢小哥哥，小哥哥的视频都是充满希望和正能量的，每当我心情不好，很疲倦，劳累，想要放弃的时候，我都会来看看小哥哥的视频，小哥哥的视频和小哥哥都很能给人力量，看完小哥哥的视频后我又重新振作了起来，。

虽然不知道小哥哥会不会看到，但我还是想说：“谢谢你，张自豪哥哥，你是我大学生活里一道温暖的阳光，在我迷茫的时候是你给了我力量，让我坚持了下来，真的真的非常非常感谢你。”我会继续关注小哥哥的，最后祝小哥哥毕业快乐，前程似锦！

自豪哥哥，你是我弟弟的偶像。从你发清华一天的视频我就关注你了，然后把你介绍给他，他闲暇时间看过你所有的视频，然后一直把“有趣的灵魂，有用的人”记在心里。今天清华强基结果出来，他被行健书院录取啦！物理也是他喜欢的，你真的带给他了很多清华的动力与向往！哥哥谢谢你！！希望老弟以后可以像你一样优秀啊！自豪哥，未来都要光芒万丈啊！

图书在版编目（CIP）数据

向上 / 张自豪著. -- 北京：北京联合出版公司，2021.9（2021.11重印）
ISBN 978-7-5596-5501-1

Ⅰ. ①向… Ⅱ. ①张… Ⅲ. ①成功心理—通俗读物 Ⅳ. ①B848.4-49

中国版本图书馆CIP数据核字（2021）第171317号

向上

作　　者：张自豪
出 品 人：赵红仕
责任编辑：夏应鹏
封面设计：沐希设计

北京联合出版公司出版
（北京市西城区德外大街83号楼9层　100088）
雅迪云印（天津）科技有限公司　新华书店经销
字数200千字　880毫米×1230毫米　1/32　11.5印张
2021年9月第1版　2021年11月第2次印刷
ISBN 978-7-5596-5501-1
定价：65.00元